园林绿化

职业技能培训

中级教程

弓清秀 王永格 丛日晨 李延明 等

中国风景园林学会

编著

Medium-grade training
course for occupational
skills of landscape greening

中国建筑工业出版社

图书在版编目（CIP）数据

园林绿化职业技能培训中级教程 / 中国风景园林学会等编著. — 北京：中国建筑工业出版社，2019.4

ISBN 978-7-112-23259-8

Ⅰ.①园… Ⅱ.①中… Ⅲ.①园林—绿化—水平考试—教材 Ⅳ.① TU986.3

中国版本图书馆CIP数据核字（2019）第024161号

责任编辑：杜　洁
责任校对：姜小莲

园林绿化职业技能培训中级教程

中国风景园林学会　编著
弓清秀　王永格　丛日晨　李延明　等

*

中国建筑工业出版社出版、发行（北京海淀三里河路 9 号）
各地新华书店、建筑书店经销
北京雅盈中佳图文设计公司制版
北京中科印刷有限公司印刷

*

开本：787×1092 毫米　1/16　印张：10¾　字数：255 千字
2019 年 3 月第一版　2019 年 3 月第一次印刷
定价：**58.00** 元

ISBN 978-7-112-23259-8
（33531）

编 委 会

前　言

自十八大把生态文明建设提升到国家"五位一体"的战略高度以来，我国城镇绿化美化建设事业飞速发展。同期，国务院推进简政放权，把花卉园艺师等一千多种由国家认定的职业资格取消，交给学会、行业协会等社会组织及企事业单位依据市场需要自行开展能力水平评价活动。在当下市场急需园林绿化人才，国家认定空缺的特定历史时期，北京市园林科学研究院组织一批理论基础扎实、实践经验丰富的中青年专家，以园科院20余年在园林绿化工、花卉工培训、鉴定及10余年在园林绿化施工安全员、质检员、施工员、资料员、项目负责人培训考核方面的经验，根据国家行业标准《园林行业职业技能标准》（CJJ/T 237—2016），结合最新的市场需求、最新的科研成果、最新的施工技术编写了这套园林绿化职业技能培训教程，以填补当下园林绿化从业者水平考评的缺失。

本书可作为园林绿化从业者的培训教材，也可作为园林专业大中、专学生和园林爱好者的学习用书。全书共分五册，本册植物与植物生理内容由卜燕华编写，土壤肥料部分由王艳春编写，园林树木内容由王永格、聂秋枫和赵爽编写，园林花卉内容由宋利娜和刘婷婷编写，识图与设计内容由李连龙和祁艳丽编写，园林绿化施工部分由董海娥和刘子宏编写，园林植物养护管理内容由王茂良、丛日晨和王永格编写，植物保护内容由郭蕾、邵金丽和潘彦平编写，其照片由关玲、薛洋、刘曦、董伟、王建红、卢绪利等提供，绿化设施设备部分由弓清秀和徐菁编写。

本书在编写过程中，作者对原北京市园林局王兆荃、周文珍、韩丽莉、周忠樑、丁梦然、任桂芳、衣彩洁、吴承元、张东林等专家们所做的杰出工作进行了参考，同时得到了桌红花、苑超等技术人员的帮助，在这里一并表示衷心的感谢！由于我们水平有限及编写时间仓促，书中错误在所难免，望各位专家及使用者多提宝贵意见，以便我们改进完善。

目　录

第一章　植物与植物生理

第一节　根的构造

一、根尖及其分区

植物种子萌发后，离根的尖端不远的地方就会生长许多根毛。从根的尖端到着生根毛的地方，这段根称为根尖。其长度约为 0.5 ～ 1cm，是根的最幼嫩最活跃的部分。根的生长，特别是根的伸长生长，根对水分及无机盐的吸收，以及根的各种组织的形成都是在这里进行的。整个根尖从尖端往上分为根冠、生长点、伸长区和根毛区四部分（图 1-1）。

（一）根冠

根冠是保护根尖的结构，保护着幼嫩的分生组织，使其不暴露在干燥的空气和土壤中，并在根向前生长时使生长锥不被土壤所磨损。

（二）生长点（分生区）

位于根冠的上面，属于顶端分生组织。由于这部分细胞不断进行分裂，使细胞数目不断增多。但因细胞体积很小，故虽细胞数目增多，在外形上根的伸长生长并不显著。

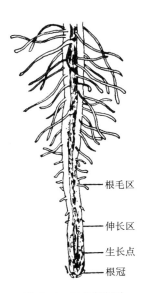

根毛区

伸长区

生长点

根冠

图 1-1　根尖各部分

（三）伸长区

在生长锥的上方，是伸长区。它是由分生区分裂的细胞发展而来的。伸长区的细胞不再进行细胞分裂而是体积增大，特别是细胞长度的增加远远超过宽度。细胞内出现液泡到最后形成一个大液泡，这时细胞的体积不再增加。同时，细胞开始分化，在根内逐渐产生各种不同的组织。植物根的伸长生长主要是在伸长区进行的。

（四）根毛区（成熟区）

位于伸长区的上方，是由伸长区发展而来的，从外形上可以看到其外部密生着很多根毛，根毛的生长是这个区的特征。这个区的细胞已成熟，并在其内出现了各种组织，如输导水分和无机盐的导管和输导有机物的筛管等。根毛是根的表皮细胞的外壁向外突出而形成的。其数目很多，一般每平方毫米的表皮上就有 100 条以上的根毛，如苹果就有 300 条左右。由于根毛的形成，大大扩大了根与土壤的接触面积，使根系能够充分吸收土壤中的水分和无机盐类。

只有根毛及其附近的表皮细胞才具有吸收功能，随着根的伸长生长。根毛区在根上不断向前移动，根的吸收范围也随着扩大。

当土壤干旱或植物体缺水时，首先会引起根毛萎蔫而枯死，从而影响吸收。以后虽然获得水分，但因根毛缺少而不能大量吸收，这是干旱造成植物生长不良或减产的主要原因之一。

二、根的初生构造

根尖的伸长生长称为初生生长，在根的初生生长过程中形成的各种组织称为初生构造。根的初生构造位于根毛区，外至内分为表皮、皮层和中柱3部分。

1. 表皮

表皮是最外一层细胞，由排列紧密的薄壁细胞构成。根毛区的表皮有两个特点：一是细胞的外壁不角质化，易于透过水和溶质。二是许多表皮细胞的外壁向外突出形成根毛，增加根的吸收面积。因此，根的表皮不起保护作用而具有吸收作用。

2. 皮层

表皮与中柱之间的多层薄壁细胞称为皮层，占初生构造的最大体积。这部分的细胞排列疏松，有明显的细胞间隙。竹子及水生植物的皮层中还可由胞间隙形成通气组织。根毛吸收的水分和无机盐，就是通过皮层细胞进入中柱的。皮层的外层及最内层通常比较紧密，细胞形态构造与皮层中部细胞不同，故分别称为外皮层和内皮层。

3. 中柱

皮层以内的部分叫中柱，是由多种组织构成的，包括以下3个部分：

（1）中柱鞘　中柱的最外层，是由一层或几层薄壁细胞组成的。细胞之间排列紧密，并具有潜在的分裂能力，因此可形成不定根、不定芽及形成层的一部分。侧根也由中柱鞘产生。

（2）初生韧皮部　由筛管、伴胞、韧皮纤维和韧皮薄壁细胞组成，成束存在，主要是输导有机物。

（3）初生木质部　由导管、管胞、木纤维和木薄壁细胞组成。位于中柱的中心，成束做放射状排列。同一种植物其放射角（束）的数目是相同的，不同种类的植物其放射角的数目不同。双子叶植物一般2～5束，禾本科植物具有6束以上。

三、侧根的形成

侧根起源于中柱鞘上，而且是在中柱鞘的一定位置上。其发生部位与木质部的放射角有关系。在形成侧根时，首先是生根部位的中柱鞘细胞恢复分裂能力，进行平周分裂成为3层，最外一层形成根冠，中层形成皮层，内层形成中柱。先形成突起，接着突破皮层及表皮就形成了侧根。侧根的根尖构造和功能与主根根尖相同。

四、根的次生构造

裸子植物和双子叶多年生木本植物的主根及较大的侧根都能在中柱内产生次生分生组织，由于它的活动使根不断增粗。这种由次生分生组织进行分裂而形成的构造，称为次生构造。

根的发育过程如图 1-2 所示。

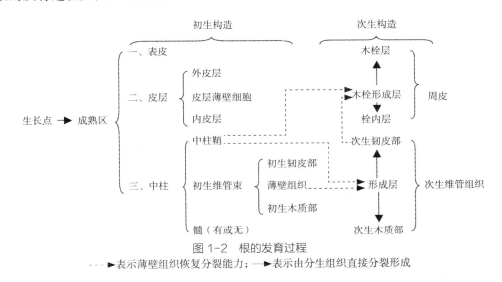

图 1-2 根的发育过程

----►表示薄壁组织恢复分裂能力；——►表示由分生组织直接分裂形成

（一）形成层的产生及活动

根的形成层首先由韧皮部和木质部之间的薄壁细胞恢复分裂能力，形成一段形成层，而且不断向两端延长逐渐到中柱鞘，这时相邻两段形成层之间的中柱鞘细胞也恢复分裂能力进行分裂，使断续的形成层连接在一起，形成一个凹凸的形成层环。

形成层产生后进行平周分裂，向外形成次生韧皮部，向内形成次生木质部。由于向内形成的木质部比向外形成的韧皮部多，因此，在老根的横切面上次生木质部比次生韧皮部宽得多。而且，根的增粗生长主要也在木质部部分。

在形成层的活动中，除产生次生韧皮部和次生木质部外，还继续形成一些薄壁细胞。在根的横切面上，这些薄壁组织成行排列呈放射状，称为射线。在木质部里的叫木射线，在韧皮部中的叫韧皮射线，射线是韧皮部与木质部之间的横向运输通道。

次生韧皮部和次生木质部的内部构造与初生的相同。

（二）木栓形成层的产生与运动

在形成层产生次生韧皮部和次生木质部的同时，中柱鞘的部分细胞恢复分裂能力，细胞不断地进行平周分裂，便形成了木栓形成层。

木栓形成层形成以后，进行平周分裂，向外形成木栓层，向内形成栓内层。木栓层、木栓形成层和栓内层三者统称为周皮。在老根不断增粗生长时，把表皮撑破，这时由周皮代替表皮起保护作用。

老根上一旦形成了周皮，由于木栓层不透气，就失去了吸收功能。

五、根瘤和菌根

（一）根瘤

植物根上具有的瘤状结构叫作根瘤，根瘤的产生是由于土壤中根瘤菌侵入的结果。

除豆科植物外，还发现乔木和灌木，如桤木属、杨梅属、胡颓子属、木麻黄属等10多属100多种植物也具有根瘤，并能固氮。根瘤菌从植物根部细胞中获得生活所必需的水分和养料，但根瘤菌能把空气中游离的氮固定起来供植物对氮素的需要。根瘤菌的这种作用称为固氮作用。

根瘤菌对共生植物具有选择性，一种根瘤菌只能与一种或少数几种植物共生。因此在园林植物引种时，需要同时引进和它共生的根瘤菌。

（二）菌根

自然界中还有许多植物的根和某些真菌共生，真菌的菌丝侵入根的幼嫩部分，或在根的表面群聚，好像一个套罩在根的外围。这种真菌和根的幼嫩部分形成的共合体，叫作菌根。和绿色植物共生的真菌从植物体中吸取自身所需要的养料，但真菌能代替根毛为植物吸收水分和无机盐供生活需要。在园林树木中许多种类都具有菌根，如银杏、侧柏、桧柏、核桃、桑树、毛白杨、栓皮栎、油松、椴树等的根系都与真菌共生。还有些经济价值较高的草本植物，如葱、苜蓿、橡胶草等也与真菌共生。

第二节　茎的构造

茎是植物地上部分的主干，其上着生叶、花和果实。主要功能是支持、输导营养繁殖和贮藏。

一、芽

茎端和叶腋处都着生芽。枝条和花都是由芽展开后形成的。因此，芽实质上就是未发育的枝条、花和花序的原始体。

二、茎尖的分区

茎尖与根尖相似，也分为分生区、伸长区和成熟区。但它与根不同，它的生长点（分生区）的上面没有类似根冠的组织，下边的成熟区外表皮上也没有类似根毛的组织。

（一）分生区

位于茎的最尖端，其细胞特点与根的分生区相同。但它的下部具有形成区，即在周围形成叶原基。

（二）伸长区

位于分生区的下面。细胞迅速生长，使茎进行伸长生长，同时，初生构造开始形成，在基本组织中已分化形成皮层和髓，原形成层束已分化形成维管束。

（三）成熟区

细胞已停止生长，各种初生组织的分化基本成熟，形成了茎的初生构造，增粗生长开始出现，从外形上看节间不再伸长。

三、双子叶植物茎的内部构造

（一）双子叶植物茎的初生构造

双子叶植物茎的成熟区，由外至内分表层、皮层和中柱三部分，它是茎尖分生区直接分裂、分化而成的，称为初生构造。

（1）表皮 包在茎的最外面，由一层排列紧密而整齐的砖形薄壁细胞构成，其外壁角质化，并在外壁的外面形成一层角质层。其上常具有蜡被或表皮毛等附属物，以增加保护作用。茎的表皮上具有气孔，以便进行气体交换。

（2）皮层 位于表皮之内，由多层薄壁细胞构成。细胞之间排列疏松，具有胞间隙，向外与气孔相通，可进行气体交换。靠近表皮的几层细胞内含有叶绿体，使茎呈现绿色。它能进行光合作用。皮层内常有厚角组织、纤维和石细胞，起支持作用。皮层内的薄壁细胞常贮有各种物质。

（3）中柱 皮层以内部分称为中柱。它包括中柱鞘、维管束、髓和髓射线四部分。

中柱鞘：是中柱的最外层，由一层或多层薄壁细胞构成，能恢复分裂能力，形成不定根或不定芽，在园林生产中，常利用这个特性进行扦插繁殖。

维管束：是中柱的主要部分，初生韧皮部、束内形成层和初生木质部组成的。它们都成束存在，故叫维管束。维管束在茎内呈环状排列。通过茎部贯穿在整个植物体中，起支持和输导作用。

初生韧皮部位于束内形成层的外面，初生木质部位于束内形成层的里边，内部结构与根的初生结构相同。束内形成层位于中间，细胞具有分裂能力，产生茎的次生构造。

髓：是茎最中间部分。多数是由薄壁细胞构成，其内贮藏各种营养物质或代谢物质，如淀粉、晶体、单宁等。有些植物的髓为厚角细胞（栓皮栎）或石细胞（香樟树）。有的植物的髓在茎的生长发育过程中被破坏，使茎中空无髓（连翘）或形成片状髓（核桃和枫杨）。

髓射线：是各个维管束之间保留的薄壁组织，在茎的横切面上呈放射状，称为髓射线。与髓、中柱鞘、皮层相连接，是茎横向运输的通道，并有贮藏营养物质的作用。髓射线细胞在一定的条件下可恢复分裂能力，形成束间形成层。

（二）双子叶植物茎的次生构造

一般草本植物的茎，由于生活期短，不具有形成层或者形成层活动时间很短，次生结构不明显，而髓部特别发达。多年生木本植物茎，在初生结构形成不久，就开始出现次生构造，使茎不断增粗，这是由于形成层和木栓形成层活动产生次生构造的结果。

（1）形成层 首先是束内形成层开始活动，同时，束间的髓射线细胞也恢复分裂能力，形成束间形成层。这时束内和束间形成层就连接成一个圆环，以后像根的形成层一样，向外形成次生韧皮部，向内形成次生木质部。由于形成层向内形成的次生木质多，初生木质部和髓仅占极少部分。

形成层每年开始活动的时间是在伸长生长之后，在北京地区两者相差 1～2 周。也就是说顶芽萌发生长 1～2 周，形成层才开始活动。从形成层开始活动到停止活动之间，是园林树木、花卉嫁接的良好时机。

（2）次生木质部　它的构造功能与根相同，也与初生木质部相同。但它增粗的量比根多。

年轮：在茎的横切面中，可以看到次生木质部上有若干同心圆环，这是由于形成层每年活动的周期性变化形成的。每年形成一轮，故称年轮。

边材和心材：在树干的横切面上除可以看到年轮外，中心的木材和边上的木材其颜色深浅也不同。靠近边缘的木材色浅，称为边材；靠近中心颜色较深的木材，称为心材。

边材是由具有生理活动功能的细胞构成的。木质部的导管具有水分，所以，颜色浅，材质软，利用价值也低。

因为输送水分的导管有一定的寿命，一般 2～3 年。以后导管被树脂、单宁、色素等物质填塞而失去输导能力，所以，这部分木材都是失去生理功能的死细胞。它不仅颜色深，材质也硬，使用价值高。在园林树木养护管理中，发现大树中空，仍能枝繁叶茂生长良好，其原因就在于此。

（3）次生韧皮部　其内部结构和功能与初生韧皮部相同。

韧皮部也是有机养料的贮存之处，养料充分能促进韧皮部的生长。韧皮部发达茎上的叶芽就可以分化成花芽；韧皮部还能促使伤口产生薄壁细胞，并使其壁栓质化形成愈合组织，这对嫁接的成活和结果枝的形成都有重要的意义。枣树开甲、葡萄摘心等措施就是通过对有机物运输的控制达到丰产的目的。

（4）木栓形成层　是表皮下的表皮细胞恢复分裂能力而形成的，如桃、桑、杨、核桃、榆树等；有的是由表皮细胞转化来的，如柳、苹果等。老树茎的木栓形成层可由中柱鞘细胞或韧皮部的细胞转化而来。

木栓形成层活动的结果产生周皮代替表皮，起保护作用。这时表皮上的气孔变为皮孔。

皮孔是茎内和外部进行气体交换的通道。在形成周皮时，气孔位置上的木栓形成层不形成周皮，而是产生很多小的薄壁细胞，把原来的表皮撑破，形成了凸起。由于各种植物原来茎上的气孔群或气孔分布的情况不一，所以在植物茎上形成了各种不同形状的皮孔，如柳树、侧柏、栓皮栎等为纵裂；毛白杨、桃、樱桃为横裂；悬铃木、白桦、白皮松、榔榆等片状开裂。故皮孔可作为识别植物和植物分类的依据之一。

木栓形成层的活动期一般仅有几个月，最多为一个生长季。当木栓形成层失去活动能力时，在周皮的内方再重新形成木栓形成层，继续形成新的周皮，代替老周皮起保护作用。随着茎的增粗不断形成新周皮，老周皮被撑裂后仍留在新周皮之上或脱落。实际上我们习惯上叫的树皮不是植物体上真正的树皮，而是包括老周皮、新周皮、韧皮部和形成层，其内仅剩下木质部和髓部。因此，"树怕剥皮"的道理就在于此。

（5）木射线　是由生活的薄壁细胞构成的，呈放射状排列，和韧皮部、髓相连接。它是植物体内横向运输的通道。速生树种，髓射线宽，慢生树种，髓射线窄。

（6）髓心　位于茎的中心，其形状因植物种类不同而不同。如白榆、白玉兰为圆形，麻栎、枫香等为星状，柏木呈三角形。

四、裸子植物茎的构造特点

裸子植物都是木本植物，其结构与双子叶植物茎构造形似，但有以下不同点：

1. 木质部

无导管和木纤维，木薄壁细胞很多，主要是由导管构成，在茎的横切向上，沿半径方向排列很整齐。

2. 韧皮部

主要由筛胞构成，无伴胞和筛管，韧皮薄壁细胞和韧皮纤维很少。

3. 树脂道

由一层或多层细胞包围成的长管，细胞分泌树脂送入树脂道。树脂有堵塞伤口、防寒及防病虫害的作用。

五、单子叶植物茎的构造特点

单子叶植物茎的构造类型很多，现以毛竹为例说明单子叶茎的构造特点。

（1）单子叶植物茎内一般仅有初生构造，维管束内无形成层。茎的增粗仅靠细胞体积的增大。因此，竹类在笋期已决定了茎的粗度，但也有一些种类具有次生构造，如棕榈、丝兰等。它们的增粗是由外围的薄壁细胞产生一圈分生组织，形成新的维管束，使茎增粗。

（2）维管束的数目很多，散生在基本组织中。在横切面上可以看到外方的维管束小，多分布较密。越是里边维管束越大，数目越少，分布越疏。每个维管束的周围都有维管束鞘。

（3）茎的伸长生长，除茎尖生长锥外，每节基部的居间分生组织也能进行伸长生长，所以，茎伸长生长的速度比其他植物快。

（4）单子叶植物中的禾本科植物茎节间多中空。

第三节　传粉与受精

一、传粉

当花开后花药裂开，花粉粒以各种不同的方式传到雌蕊柱头上去，这个过程叫作传粉。传粉的方式主要有自花传粉和异花传粉。

（一）自花传粉

在两性花中，由雄蕊的花药散出的花粉落到同一朵花雌蕊的柱头上，称为自花传粉。在林业上，则是同一植株内的花相互传粉。在果树栽培中，是指同一品种花相互传粉。金盏花、半枝莲、桂竹香等都是自花传粉。

（二）异花传粉

它是指一朵花的花粉落到另一朵花的柱头上。大多数植物都是异花传粉，在林业上，是指不同植株花的相互传粉。在果树中，则是指不同品种之间相互传粉。百日草、大丽花、菊花、月季等均是异花传粉。

植物在进行异花传粉时，借助风力传粉的称为风媒花，其特点是：花小而不美丽，无香味和蜜腺，花粉粒小而轻，数量多；雌蕊柱头大而具有分叉，便于接受花粉，如柳树、杨树、桦树、板栗、核桃等。以昆虫为媒介进行传粉的称为虫媒花，其特点是：花大而美丽，有香味和蜜腺，花粉粒大、数量少，花粉表面粗糙便于昆虫携带。大多数花卉、树木和果树都是虫媒花。此外，还有些植物是靠水进行传粉的，如金鱼藻等。

异花传粉比自花传粉所得到的后代具有较强的生命力，易于获得高质高产的性能。自花传粉是长期适应环境的结果，因为它长期不具备异花传粉的条件，所以，有条件时，它也可以进行异花传粉。

（三）植物对异花传粉的适应性

在自然界中，有许多植物为了避免自花传粉生出许多适应于异花传粉的结构和生理特点。

雌雄异株　有些植物雌花和雄花分别着生在不同的植株上，是严格的异花传粉。如杨树、柳树、杜仲等。

雌雄异熟　有些植物的花虽然是两性花，但雌雄蕊不同时成熟，只能进行异花传粉。如泡桐、雪松、七叶树、常青藤等。

花柱异常　有些植物花虽为两性，但花柱过长或过短，使花粉不易落在同一朵花的花柱上，一般是长柱花的花粉落在短柱花的花柱上。如中国樱草等。

自花不孕　花柱上分泌的黏液对不同的花粉具有选择性。它能抑制同一朵花或同一株花的花粉萌发，以此来避免自花传粉。如某些兰科植物。

（四）花粉的寿命

不同植物种类及在不同环境条件下花粉的寿命差异很大。一般在高温高湿条件下花粉的寿命就短，在低温干燥条件下花粉的寿命就长。在 0～2℃ 或更低的温度下，苹果、梨等花粉可活 70～210d。

二、受精作用

在种子植物中，花粉粒中的精子和胚囊中的卵细胞相互结合的过程，称为受精作用。

（一）花粉管的形成

成熟的花粉粒落到雌蕊的柱头上以后，被柱头上的突起和黏液粘着。花粉粒从柱头液中吸水膨胀，内壁从萌发孔向外突出形成花粉管，内含物流入管内。花粉管沿着花柱向下生长时，花粉内的营养核和生殖核也移植到花粉管前端，这时生殖核在花粉管内进行分裂形成两个精子（图 1-3）。

（二）双受精作用

花粉管形成以后，由花柱通过珠孔到达珠心，接着由珠心进入胚囊。这时，花粉管的末

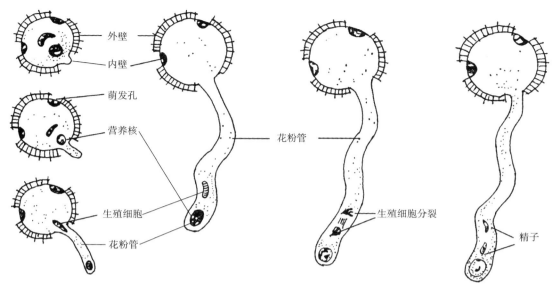

图 1-3　花粉管的生长及精子的形成

端破裂，里面的细胞质、营养核及 2 个精子流入胚囊中。营养核很快消失，2 个精子中的 1 个和卵细胞结合，将来发育成胚；另一个精子和极核结合，将来发育成胚乳。这种由 2 个精子分别与卵细胞和极核受精的过程，叫作双受精作用。双受精作用是被子植物特有的受精过程，它是植物界中最进化的一种生殖方式。

（三）人工辅助受精

在园林生产中，人工把已采收的花粉撒到雌蕊柱头上去，帮助植物进行传粉，这种措施称为人工辅助授粉。

人工帮助植物进行授粉，对于保证品种质量和产量都具有重要作用。特别对在自然界中自己传粉比较困难的植物种类，如君子兰、矮牵牛、雪松等具有更重要的意义。

第四节　植物营养器官的变态

植物的营养器官根、茎、叶都具有一定的与生理功能相适应形态特征。但是往往由于环境条件的改变。例如长期生于干旱环境中的仙人掌，为了减少蒸腾，叶变为刺状，而茎则变为代替叶进行光合作用的绿色肉质茎，叶和茎的功能及形态都产生变态。这种变态特征，经长期的自然选择已成为该种植物的形态特征。在自然界中，营养器官变态的类型很多，分述如下：

一、根的变态

正常的根生于土壤中，具有吸收和支持的功能，在外形上，根无节与节间的区别，没有叶和腋芽，根据这些形态特征，以识别变态的根。常见的根变态有以下类型：

（一）贮藏根

常见于两年或多年生草本植物，其主根、侧根或不定根肥厚粗大呈肉质，其内贮藏大量的养料供次年抽茎和开花之用，失去原有根的功能，而变成专门贮藏营养物的贮藏器官，这种根称为贮藏根，如大丽花、天门冬等。

（二）支柱根

当植物的根系不能支持地上部分时，常会产生支持作用的不定根称为支柱根，如玉蜀黍近基部的节常发生不定根伸入土中以加固植株。生长在南方的榕树，常在侧枝上产生下垂的不定根，这种根具有吸收及支柱作用（图 1-4）。

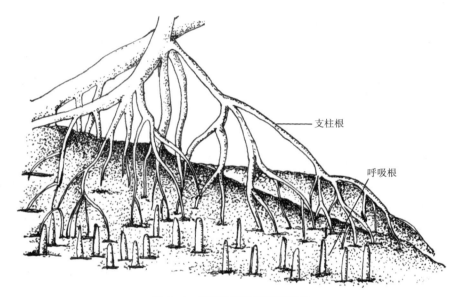

图 1-4　红树的支柱根和呼吸根

（三）气生根

生长在热带的兰科植物能自茎基部产生不定根，悬垂在空气中称为气生根（上述榕树的不定根到达地面以前，具有吸收功能）。气生根在构造上缺乏根毛和表皮，而由死细胞构成的根被代替，根被具有吸水作用。如石斛、橡皮树、龟背竹等。

（四）呼吸根

是气生根的一种。生活在沼泽地等多水环境中的植物，有一部分根垂直向上生长，突破地面，裸露在空气中吸收氧气，来弥补土壤里空气不足，如池杉、水杉、水松等。

（五）寄生根

有些植物的根发育成为吸器，伸入到寄主体内吸收寄主的现成营养供自身生活需要，这种吸器称为寄生根，如菟丝子等（图 1-5）。

（六）攀援根

有些植物的茎细长柔软，本身不能直立向上生长，在它的茎上生出很多不定根，靠这些不定根固着它物上向上生长，这些不定根称为攀援根。如常春藤、地锦、络石等。

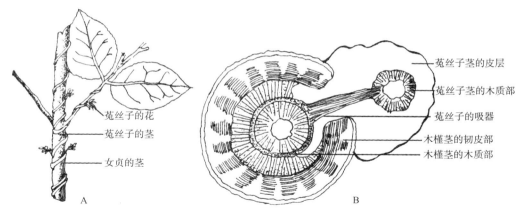

图 1-5　菟丝子的寄生根

A—缠绕在寄主女贞枝条上；B—菟丝子寄生木槿茎部横切面

（七）板根

有些树木的树干基部发生不均匀的生长，形成板壁状，以增加树木的固着作用，这种根叫板根，如朴树、榔榆等。

二、茎的变态

正常的茎生于地面以上，外形上具有节与节间，借此可与变态的根区别。根据茎生长在地上还是土壤中，分为地上茎的变态和地下茎的变态两类。

（一）地上茎的变态

1. 叶状茎

有些植物的叶退化，而茎变为叶状，呈绿色，代替叶片进行光合作用等功能，但仍能开花结实，如竹节蓼、蟹爪兰、假叶树、仙人掌、文竹、天冬草等。叶状茎是长期适应干旱环境所产生的变异。

2. 茎卷须

由茎变成的卷须，叫作茎卷须。茎卷须通常发生在叶腋，其上不长叶片。如南瓜、葡萄等植物的卷须，都是茎卷须（图 1-6A）。

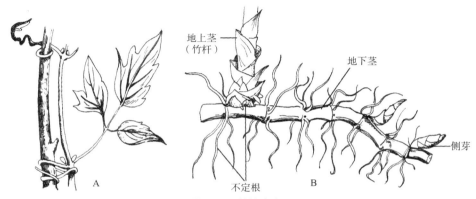

图 1-6　茎的变态

A—葡萄属的茎卷须；B—毛竹的根状茎

11

3. 茎刺

由茎变成具有保护功能的刺，称为茎刺。茎刺由枝条上的顶芽和腋芽位置生出，如山楂、石榴等。有些茎刺还具有分枝刺，如皂荚。

（二）地下茎的变态

一般植物茎都长在地上，但有些植物的茎为了适应环境或功能的改变，由生长在地面以上变为生长在地下。常见的地下茎变态有以下几类：

1. 根状茎

生长于地下与根相似的地下茎称为根状茎。例如竹类、芦苇、鸢尾等植物的地下茎。根状茎具有明显的节和节间，节部有退化的叶，在退化的叶和叶腋内有腋芽，可发育为地上枝，顶端有顶芽，可以继续生长。根状茎上可以产生不定根，称为具有繁殖作用的茎的变态。竹类就是用根状茎——竹鞭来繁殖的（图 1-6B）。

2. 贮藏茎

生长在地下具有贮藏养料功能的茎，称贮藏茎，如马铃薯节不明显成块状称为块茎；洋葱、百合等具有鳞状叶的称为鳞茎；慈姑、荸荠等具有明显的节与节间的称为球茎，这些都是具有贮藏作用的地下茎。地下茎具有繁殖功能。

三、叶的变态

叶生长在茎的节上，当其功能及形态改变时，称为变态叶。

（一）芽鳞

芽鳞是冬芽外面所覆盖的变态幼叶，用以保护幼嫩的芽组织。树木的冬芽大都具有芽鳞。

（二）叶刺

叶的一部分或全部变为刺，如小檗。叶刺与茎刺的区别在于：茎刺由叶腋发生，叶刺在枝条的下方发生，如发生于枝条基部两侧，则为托叶刺，如刺槐（图 1-7A、B）。

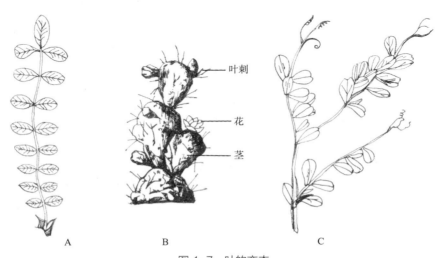

图 1-7　叶的变态
A—托叶刺—刺槐；B—叶刺—仙人掌；C—叶卷须

（三）叶卷须

纤细柔软的植物常产生卷须用以攀援（图1-7C），叶卷须与茎卷须的区别在于叶卷须与枝条之腋间具有芽；而茎卷须的腋内无芽。叶卷须常由复叶的叶轴、叶柄或托叶转变而成。

（四）叶状柄

南方的台湾相思树在幼苗时叶子为羽状复叶，以后长出的叶子叶柄变扁，小叶片逐渐退化，只剩下叶片状的叶柄代替叶的功能，称为叶状柄。有些植物叶状柄和叶状茎一样，是干旱环境的适应性状。

四、同功器官与同源器官

上述各种不同的器官变态，虽然有的来源不同，但功能相同，这样的变态器官称同功器官。例如，茎刺与叶刺，茎卷须与叶卷须。凡是来源相同，功能不同，形态构造不同的称为同源器官。如叶卷须与叶刺，同为叶的变态，但变态后功能不同，因而形成构造也不同。

第五节　植物的营养生长

一、植物的休眠

（一）休眠的概念

植物的整体或一部分在某一时期停止生长的现象叫做休眠。

植物的生长有周期性的变化，这种周期性与气候条件密切相关。如生长在温带的植物，春节开始生长，夏季生长旺盛，秋季生长逐渐缓慢，冬季进入休眠状态。还有一些植物不是冬季休眠，而是夏季休眠，如仙客来、水仙、风信子、天竺葵等在高温或高温干旱的季节出现叶片脱落、芽不开展、生长停顿的现象。

植物一般以种子或休眠芽（冬芽）的形式休眠。有些植物以贮藏器官休眠，如仙客来、朱顶红是以球茎休眠；水仙以鳞茎休眠；大丽花以块根休眠；马铃薯、大蒜在炎夏地上部分死亡，而以块茎、鳞茎进入休眠。

休眠的器官，生长虽然停止，但仍有微弱的呼吸，很多木本植物在冬季休眠时呼吸强度仅仅为生长期正常呼吸的1/200。此时植物含水量减少，贮藏物质增多，新陈代谢降低。这种生理上的变化，常在秋季日照变短后，植物进入休眠准备阶段时开始。待冬季低温来临时，各种变化已逐步形成，以适应寒冷的气候。如果天气骤然变冷，植物还没有做好越冬的准备，往往发生冻害。如果人工延长日照，则不易落叶，也会受冻害。

休眠可以分为强迫性休眠和深休眠（也叫暂时性休眠和生理休眠）。强迫休眠是由于缺乏萌发条件所引起的，如果外界条件适合，植物就立即脱离休眠状态，恢复生长。低温、干旱、缺氧都能强迫植物进入休眠状态，如种子在贮藏期的休眠状态就属于这种休眠。深休眠则不同，即使给适合的萌发条件，植物也不脱离休眠状态。例如刚收获的一些植物种子和马铃薯块茎，放在适宜的条件下也不萌发；冬季落叶后剪下的枝条，放在温暖的房间内，其上的芽并不立即生长，但春季剪下的就很容易萌发。一般所说的休眠，主要是指深休眠。

（二）种子休眠的原因

1. 种皮的限制

豆科（如苜蓿、紫云英等）的种子和锦葵科、藜科、茄科中有一些植物种子的种皮不能透水或透水性弱，这些种子叫硬实性种子。另有一些种子（如椴树种子）的种皮可以透水但不透气，外界氧气不能进入种子内，而种子中的二氧化碳也不能排出，限制了胚的生长。还有一些种子（如苋菜种子）虽然透水、透气，但因种皮太坚硬，胚不能突破种皮也难以萌发。

2. 胚未完全发育

有些植物，例如欧洲白蜡树、银杏、冬青等的果实或种子虽完全成熟，并已脱离母体，但胚的发育尚未完成。因此，这类种子休眠的原因就是胚未完全发育，待幼胚发育完全后，种子才可以萌发。

3. 种子未完成后熟

有些种子的胚已经发育完全，但即使剥去种皮在适宜的条件下也不能萌发。它们一定要经过休眠，在胚内发生某些生理生化变化才能萌发。这类种子在休眠期内发生的生理生化过程叫作后熟。一些蔷薇科植物（如苹果、桃、梨、樱桃等）和松柏类的种子就是这样。

4. 抑制物质的存在

有些植物的果实或种子存在抑制种子萌发的物质，在这些物质未被破坏或转化之前，都会使种子处于休眠状态。这些物质存在于果肉中（如桃、李、杏、苹果、梨等），也可能存在于种皮（如苍耳、甘蓝等），也会存在于胚乳（如鸢尾等）。

（三）打破休眠及延长休眠的方法

在生产实践中，有时需要打破休眠，有时需要延长休眠。打破休眠的方法很多。对种皮透性差的种子，根据不同情况可采取机械损伤法处理、变温处理和温水浸种或开水烫种的处理方法。对需要生理后熟或有抑制物质存在的种子可用湿砂将种子分层堆积在 $0 \sim 5$℃的地方 $1 \sim 3$ 个月，便可打破休眠，且出芽整齐。用化学药剂处理也能促进萌发，如把刚收获的马铃薯块茎切好后，用 $0.5 \sim 1$ppm 的赤霉素处理 30min，就能打破休眠，使其萌发。解除木本植物芽的休眠，可将休眠部分用温水浴法或烟熏法进行处理。对木本植物的枝条解除休眠状态最好的办法是温水浴法，将枝条浸入 $30 \sim 35$℃温水中 $10 \sim 12$h 后，移入温室，经过 $2 \sim 3$ 个星期，可促进发芽，提早开花。

延长休眠的方法，生产上采用保持种子或贮藏器官的干燥来延长休眠，也可用植物激素处理种子或贮藏器官，以延长贮藏期。对于早春开花的果树或花卉为防止过早开花避免早春寒冷的危害，也可采用浓生长素处理植物以延长休眠。

二、种子的萌发

（一）种子的寿命

种子的寿命就是种子保持发芽力的年限，因为种子在休眠和贮藏过程中，生活物质及贮藏物质不断分解消耗，生活力逐渐降低以致完全丧失。种子的寿命，因植物种类和所处环境的条件及成熟情况而异。在自然条件下种子的寿命一般为 3～5 年，寿命极短的种子，成熟后只在 12h 内有发芽能力；杨树种子一般不超过几个星期。大多数花卉种子为 1～2 年。

（二）种子的萌发

1. 种子萌发的过程

具有发芽力的种子在适宜的水分、温度及氧气条件下，就能萌发，并逐步形成幼苗。种子的萌发过程分为吸胀、萌动、发芽 3 个阶段。

吸水膨胀　生活的种子吸水膨胀后，种皮变软，种子内酶的活性和代谢活动加强，物质转化加快，贮藏的淀粉、脂肪、蛋白质等物质分解为可溶性的有机物（如糖及氨基酸），转移到胚部。

种子的萌动　可溶性的有机物转移到胚，很快转入合成过程，大部分合成新细胞的结构材料，使胚生长，由于胚的生长，到一定程度，就顶破种皮而出。这就是种子萌动或露白。死的种子由于含有淀粉、蛋白质等亲水胶体，也表现出有吸胀作用，但不能萌动与发芽。

发芽　种子萌动后，胚继续生长，当胚根的长度与种子长度相等，胚芽的长度达到种子长度的一半时，就达到发芽的标准。种子发芽后，胚芽形成茎叶，胚就逐渐转变成能独立生活的幼苗。在形成绿色幼苗前，胚的生长是利用种子中贮藏的营养物质，形成幼苗后，才能进行光合作用，制造有机物。因此，选用粒大饱满的种子播种是获得壮苗的基础。

2. 影响种子萌发的外界条件

种子萌发必须有足够的水分、适当的温度和充足的氧气。三者同等重要，缺一不可。此外，有些种子的萌发还受着光的影响。

（1）水分　种子萌发过程需要大量的水分，种子只有吸足水分后，才能使种皮变软，透性增加，使氧气容易透入种子内，种子内积累的 CO_2 也容易排出，可以保证幼胚进行旺盛的呼吸作用，同时便于胚根、胚芽突破种皮而出。种子吸水后，原生质成溶胶状态，酶的活性增强，各种物质转化才能加速。这些过程都需要大量的水分，同时，胚细胞的分裂与伸长，更需要大量的水分。水分不足，种子不能萌发，即便能萌发，也由于缺水使细胞不能充分伸长而造成小苗的现象。

（2）温度　种子萌发需要一定的温度，因为种子的吸水膨胀、呼吸作用、酶的活性、物质的转化运输、细胞的分裂伸长等过程，都需要一定的温度。温度过低过高，这些活动都会受到影响。温度对种子萌发的影响也有最低、最适、最高三基点。原产于北方高纬度的植物，温度三基点都较低。原产南方低纬度的植物，温度三基点都较高。一般种子萌发的温度约为 20～25℃。在栽培上，一般土温稳定在种子萌发的最低温度以上，才能播种。

（3）氧气　种子萌发时，呼吸作用大大增强，需要的氧气较多。如浸种过久、土壤积水或板结都会造成缺氧现象，种子呼吸减慢甚至产生无氧呼吸，而无氧呼吸消耗大量的有机物，并产生酒精，酒精积累，可使种子中毒，因而严重影响种子萌发，甚至发生腐烂现象。

（4）光　光不是所有种子萌发的条件，但有些植物的种子萌发需要光，这些种子叫作需光植物，如莴苣和烟草的种子。

三、植物的生长

（一）生长的概念

植物有机体在整个生命活动中，不断地向环境吸取物质，进行新陈代谢使体内积累了生活所需要的物质和能量，在这个基础上，植物的个体得到了发展，表现在量的变化上，主要是营养器官根、茎、叶的体积和重量的增加，这种现象叫做生长。

植物的生长不是所有部分都在不断地增长，而是局限在某些部位上。根和茎的尖端是生长点的部位，能不断进行细胞分裂。另外，叶子的基部和某些植物的茎上的节间在一定时期内也具有分生能力，称为茎部生长和节间生长。一般来说，种子植物的生长是从种子萌发开始，而无性繁殖的植株，生长是由营养体上芽的萌发开始。

（二）植物生长中的若干特性

1. 植物生长大周期

植物一生内，不论是个别器官或是整株植物，其生长速度都表现出"慢—快—慢"的基本规律，即开始生长缓慢，以后逐渐加速，达到最高点，然后生长速度又减慢以至停止。这3个阶段总合起来叫作生长大周期。

植物整株一生的生长，初期生长缓慢是因为植株矮小，合成干物质的量少。以后因产生大量绿叶，进行光合作用，制造了大量有机质，干重急剧增加，生长加快，后期生长转慢是因为植物的衰老，光合作用减弱，有机质合成量少，植株干重增加即减慢，同时还有呼吸的消耗，最后干重将不再增加，甚至还会减少。

了解植物生长的大周期，对生产有指导意义。为了促进植物的生长，就必须在生长最快速度到来之前加强水肥管理，满足其快速生长的需要。砍伐用材林，常在生长高峰结束后立即进行。

2. 植物生长的周期性

植物体的生长速度和生长量，表现出一定的快慢变化，称为生长的周期性。

（1）季节周期 所有多年生植物的营养生长，都或多或少地随季节而表现出明显的季节性变化，称季节周期。在温带，春季气温上升，水分、光照适宜，植株便由休眠进入缓慢生长；夏季气温高，光照充足，植株生长加快，并出现生长高峰；秋季气温下降，光照减弱，水分减少，植株生长缓慢；冬季出现低温，植株便停止生长，进入休眠，第二年春天又恢复生长。

（2）昼夜周期

植物生长，一般表现有白天慢、夜间快的现象，称昼夜周期。这种现象的产生，主要是由于光照、温度和含水量等情况昼夜不同而引起。白天，由于旺盛的蒸腾作用，使植物体大量失水，限制了植物细胞的分裂，同时，日光中的紫外线能阻碍植物体内生长素效应，生长素减少，细胞分裂也受影响。夜间，蒸腾作用减弱，体内含水量增多，有利于细胞的分裂与伸长，同时由于夜间气温低，呼吸消耗减少，气温低也有利于物质的水解转化，这些水解产物为新细胞提供结构物质。因此，植物的生长在夜间比白天快。如有些竹子，夜间生长比日间快几倍。但也应注意，生长的昼夜周期性并不都是黑夜比白天快。如在生长季节开始时，夜温很低，则夜间生长就比白天慢。

3. 植物生长中的相关性

植物有机体是统一整体，在其生长发育过程中，各器官和组织的形成及生长，表现为相互促进和相互抑制的现象，称相关性。了解植物生长的相关规律，可以人为地创造条件，有效地控制植物的生长。

（1）地上部分与地下部分的相关性　植物的根与茎叶之间关系密切，在生长过程中相互促进又相互抑制的现象十分明显。这是因为根的生长，需要茎、叶供给有机物质，作为构成物质和呼吸的基质。反过来，茎、叶的生长也要根供应水分、矿质营养，并起支持作用。除此以外，根还有合成一些物质的能力，如细胞分裂素等，这些物质对茎、叶的生长都有重要的作用。"育苗先育根""根深叶茂，本固枝荣"就很好地说明它们之间的关系。根与茎、叶在一定的生长措施及环境条件下，它们之间经常处在相互抑制中。在通常情况下，地上部分的生长与地下部分的生长是保持适当的比例，这个比例叫作根冠比（根重/茎，叶重）。

（2）顶芽与侧芽、主根与侧根的相关性——顶端优势　一般植物的顶端生长总是占优势，如顶芽生长的快，侧芽生长的慢甚至潜伏不长，这个现象叫顶端优势。很多植物的根系也有顶端优势。但顶端优势在灌木和单子叶植物中并不显著。顶端优势明显的植物如果顶芽或主根受到破坏或抑制，就能促进侧芽和侧根的形成和生长。顶端优势产生的原因主要是和生长素的作用有关。由顶芽形成的生长素，在植物体内是由形态学的上端往其下端运输，使侧芽附近的生长素浓度加大，从而抑制侧芽的生长，甚至使其潜伏不动，处于休眠状态。如果去掉茎的顶端，生长素就不再流到侧芽中，这时生长素浓度较低，因此，侧芽很快地生长发育起来。

（3）营养器官与生殖器官的相关性　营养器官和生殖器官的生长和发育，基本上是一致的。生殖器官所需要的养料，绝大部分是由营养器官供给的。营养器官生长不好，生殖器官的生长自然也不会好，但是，营养器官和生殖器官之间也是有矛盾的，它表现在营养器官生长对生殖器官生长的抑制和生殖器官生长对营养器官生长的抑制两个方面。

4. 极性现象

极性是植物体或其离体部分的两端具有不同的生理特性的现象。如用来扦插的枝条，总是在形态学的上端长枝叶，下端长根。这种特性不因枝条而发生改变。根也具有极性现象，即近根尖的一段形成根，而在近茎的一段形成芽（图1-8）。

5. 再生现象和组织培养

植物失去某些部分后，在适宜的条件下，便能恢复所失去的部分，再次形成一个完整的新个体，这种现象叫再生。营养繁殖方法就是利用植物的这一特性。

组织培养是植物再生现象的应用，从植物体上取下某一组织或细胞，放在适当的培养基里进行培养，最后发育成一个完整的植株。

6. 生长中的运动

许多低等植物如细菌和藻类等，能像动物一样进行整个身体的移动。高等植物整个身体

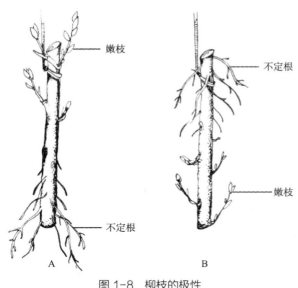

图1-8 柳枝的极性
A—正常悬挂在潮湿空气中的生长状态；B—倒挂的生长状态

是不能移动的，它们的运动只能是个别部分发生位置和方向的改变，这种运动是由于植物受到某些外界条件的刺激而引起的，从生理学的观点看，植物的运动分为2个类型：一是向性运动，一是感性运动。

（1）向性运动　植物体朝一定方向运动，运动方向与刺激方向有关，根据刺激物的不同，表现有向光性、向地性、向水性和向化性。这些向性运动都是由于生长速度不一致而引起的。

向光性：植物的生长能随着光的方向弯曲的现象称向光性。低等植物和幼龄植物的向光性反应较快，个别植物如向日葵和鬼针草等对光刺激特别敏感，随光运动非常明显。向光性的原因和生长素有关，在单向光下，茎尖向光一边生长素少，背光一边生长素多，故背光一面的生长要比向光一面的生长快些。因此茎就朝向光源弯曲。

向地性：由于地心引力的作用，根、茎的尖端表现出正向地性或负向地性。根顺着重力作用的方向生长，叫正向地性；茎向着重力作用相反的方向生长，叫负向地性。植物具有向地性，因受自然灾害而倒伏的植株，往往也能恢复直立。

向水性及向化性：当土壤干燥而水分又分布不均匀时，根总是趋向较潮湿的地方生长，这叫向水性。根还朝向肥料较多的地方生长，这叫向化性。

（2）感性运动　感性运动是植物体受外界刺激造成细胞内细胞膨压的改变而引起的运动，高等植物最常见的感性运动有感夜运动和感震运动。

感夜运动：感夜运动是由于温度和光照强度发生变化而引起的运动。许多植物的复叶和花朵的昼夜周期性开闭现象就是感夜运动，它也是植物对环境适应的一种能力。

感震运动：感震运动是由于外力的促动而引起细胞膨压的改变产生的运动。

第六节　植物激素

植物激素是植物生长发育过程中不可缺少的物质，是植物生活过程中所产生的，具有高度生理活性的微量代谢物质。它在某一器官内形成，又可以转运到其他器官，对植物生长发育起着调节的作用。调节作用包括促进与抑制两方面，细胞分裂、伸长与分化，生长、发芽、开花、结果、成熟、植物的向性及器官的休眠等都受激素的调节。因此，植物缺少了激素，便不能正常生长发育。

植物激素种类很多，植物体内天然产生的植物激素称为天然植物激素。已发现有五大类：生长素、赤霉素、细胞分裂素、乙烯和脱落酸。

由人工合成的能调节植物生长发育的化学物质，称为人工合成激素或植物生长调节剂。如 2，4-D、萘乙酸、增产灵、矮壮素、B9、青鲜素、乙烯利、石油助长剂、三碘苯甲酸等。天然激素与人工合成激素可统称为植物激素。植物激素已在生产中广泛使用。

一、天然激素

（一）生长素（吲哚乙酸）

植物体内普遍存在的生长素为吲哚乙酸，简称 IAA。它是一种简单的化学物质。一般在根尖及茎尖的分生组织中含量多，现可人工合成。

生长素在水中溶解度很低，但可溶解在酒精等有机溶剂中，使用时可先溶解在少量酒精中，再配成水溶液。

生长素的生理作用是促进细胞的分裂、伸长、增大，也有促进组织分化的作用。其中主要是促进细胞的伸长生长。

生长素在低浓度时，促进生长，高浓度时则抑制生长，甚至杀死植物。植物顶端优势，就是由于侧芽积累了高浓度的生长素，抑制了生长。植物的向性运动也与植物体内生长素浓度的分布不均匀有关。

（二）赤霉素（九二〇）

赤霉素是一类化合物的总称，现已发现 40 多种不同的赤霉素。赤霉素简称 GA，其中应用最广的是赤霉素（GA_3）。

纯的赤霉素为白色结晶的粉末，在酸性及中性溶液中稳定，对碱不稳定，在碱性及高温下能分解成无生理活性的物质。在低温干燥条件下能长期保存，但配成溶液后容易变质失效。赤霉素能溶于醇类（如酒精）、丙酮、醋酸乙酯等有机溶剂中，难溶于水。

赤霉素的生理作用：

（1）促进细胞的分裂与伸长 将微量的赤霉素（$0.001 \sim 0.05g/L$）一次滴于植物生长锥上，能引起植物急剧生长，尤其是对矮生植物更为突出；

（2）促进植物开花 赤霉素能代替某些植物发育需要的低温和长日照条件。许多长日照植物，经赤霉素处理后，可在短日照下开花。但处理短日照植物对开花没有作用；

（3）破除休眠，促进发芽 赤霉素可以破除各种休眠，而且效果最为显著；

（4）防止脱落，促进果实生长及形成无籽果实，用赤霉素可以防止离层的产生，防止果实脱落，并促进果实生长及形成无籽果实。

（三）细胞分裂素

细胞分裂素又称为"激动素"。主要分布在植物生长旺盛的部分。在发芽的种子、生长的果实、胚组织及根尖中分布较多。现已可用人工合成与细胞分裂素相类似的物质，其中活性最强的有 6- 苄基腺嘌呤（6-BA）等。

细胞分裂素易溶于强酸、强碱的稀溶液和冰醋酸的水溶液中，微溶于酒精、丙酮和乙醚中，几乎不溶于水，性质较稳定。

细胞分裂素最显著的生理作用是促进细胞分裂和分化。故在组织培养中，能诱导器官的分化和形成。如在组织培养中加入生长素和细胞分裂素，可以促使愈伤组织分化出芽和根。

（四）脱落酸

脱落酸简称 ABA，是植物体内存在的一种强有力的天然抑制剂，含量很少，但活性很高。它的生理作用与生长素、赤霉素、细胞分裂素的作用是对抗的。

1. 诱导休眠，抑制萌发和茎的生长

蔷薇的种子外皮中含有脱落酸，不易萌发，经低温层积处理以后，便能促进萌发。这是因为降低了脱落酸的含量，解除了抑制种子萌发的因素。

2. 加速衰老，促进脱落

脱落酸有明显促进叶片和果实脱落的作用。据测定，脱落的幼果比正常的果实中脱落酸的含量增加，正在发育的果实含量少，而果实成熟衰老以至开裂时，脱落酸含量又增加。

（五）乙烯

乙烯是与果实成熟有关的一种气态激素，不仅能促进果实成熟，对植物生长发育也有多方面的效应。

1. 促进成熟和器官的脱落

乙烯与果实成熟过程有密切关系，有人称它为"成熟激素"。生产上常用乙烯来催熟果实，如番茄、香蕉、梨、桃、苹果、西瓜等。还应用它促使苗木落叶，便于运输贮藏。

2. 促进开花，诱导雌花形成及雄性不育

乙烯可促进某些植物开花，用 100～1000ppm 喷雾，可使菠萝开花。还可促进瓜类增加雌花或少生雄花，即调节性别转化，所以乙烯又称为"性别激素"。

此外，乙烯还能抑制生长，使植物矮化。能刺激乳汁和树脂的分泌作用。它对于橡胶树的流胶、松树产的松脂、漆树的流漆及安息树的安息香精，都有增产的效果。

乙烯是气体，使用不方便，所以在生产上所施用的是在一定条件下（pH 值 4 以上）能释放乙烯的人工合成商品乙烯利，其化学名称为 2- 氯乙基磷酸。

二、人工合成激素

（一）具有促进作用的人工合成激素

1. 2，4-D

2，4-D 化学名称为 2，4- 二氯苯氧乙酸。纯品的 2，4-D 为无色、无臭的晶体，工业品为白色或淡黄色结晶体的粉末，难溶于水，易溶于乙醇、乙醚、丙酮等有机溶剂。

2，4-D 生理作用与生长素相同，高浓度时可用为除草剂，如喷洒 500～1000ppm 浓度可杀死双子叶植物杂草，但也有刺激植物增产的作用。用 1525ppm 的浓度处理番茄花朵，可以防止落花、落果，诱导无籽果实形成。

2. 萘乙酸（NAA）

萘乙酸是一种应用范围很广的植物生长调节剂，纯品为无色针状或粉末状晶体，无臭、无味。工业品为黄褐色，不溶于冷水（25℃时，100ml 水中仅能溶解 42mg），易溶于热水、酒精、醋酸中。萘乙酸在生产上用途广泛，处理的方法、时间、浓度各有不同，其生理作用与生长素相同。

人工合成的类似生长素的激素常用的除 2，4-D 和萘乙酸外，还有吲哚丙酸、吲哚丁酸、4- 碳苯氧乙酸（增产灵）和石油助长剂。

（二）具有抑制作用的人工合成剂

1. 矮壮素（CCC）

化学名称为 2- 氯乙基三甲基氯化铵，简称 CCC，又名稻麦立。矮壮素纯晶为白色棱柱状结晶，工业品有鱼腥味，易溶于水，吸湿性很强，易潮解。在中性和微酸性的溶液中稳定，遇碱则分解。

矮壮素是人工合成的一种植物生长延缓剂。它的生理作用和赤霉素相反，可以抑制细胞伸长，但不能抑制细胞分裂，因而使植物变矮，茎秆变粗，节间缩短，叶色深绿，防止倒伏。

2. B9

化学名称为 N- 二甲胺基琥珀酰胺酸。B9 纯品为白色结晶，有微臭，可溶于水及甲醇、丙酮等有机溶剂中。

B9 是一种生长延缓剂，它的作用是抑制 IAA 的合成。对果树有控制生长，促进发育和抗旱、防冻、防病的能力。对于苹果、梨、桃、樱桃等果树，能控制新梢生长，促进花芽分化，提高果品质量，延长贮藏时间等。

3. 青鲜素

也叫马来酰肼，简称 MH，是一种人工合成的生长抑制剂，其作用正好与生长素相反，能抑制茎的伸长。

青鲜素大量用于防止马铃薯、洋葱、大蒜在贮藏时的发芽和抑制烟草腋芽生长。青鲜素还可控制乔木或灌木（行道树和绿篱）的过度生长。

三、植物激素在园林生产中的应用

（一）促进插条生根

扦插枝条用生长素处理后，就能促进不定根的形成。特别是对不易生根的树种，经吲哚丁酸、萘乙酸、生根粉等处理后，生根快、成活率增高。在城市绿化中进行大树移栽，往往由于伤根太多而不易成活，亦常用生长素处理根部以提高成活率。

（二）打破休眠和促进萌发

大多数植物的个体发育过程中都有一个休眠期，植物的萌发和休眠是受植物体内生长促进物质和抑制物质的平衡影响的。对需低温的与存在抑制种子发芽物质的种子，赤霉素可以起一定作用。

（三）诱导开花和控制花期

激素处理在诱导植物开花和控制花期方面有显著效果。赤霉素可以诱导长日照植物在短日照条件下开花。

（四）切花保鲜和延长盆花寿命

细胞激动素、赤霉素和一些植物生长延缓剂可以用以延缓植株的衰老，主要是延缓蛋白质和叶绿素的分解降低呼吸作用和维持细胞活力。

（五）控制徒长，化学整形

在植物生长期，利用矮壮素、B9、青鲜素等生长调节剂，可以达到控制徒长、矮化和整形的效果，有些还有促进花芽分化的作用。

（六）清除杂草

有些生长调节剂可作除草剂使用。如 2，4-D 是生产上常使用的除草剂，主要用于杀死双子叶植物杂草。

激素使用中的注意事项。

（1）浓度　激素的使用浓度较低，常用 ppm 表示，1ppm 相当于百万分之一（1000ppm 等于千分之一即 0.1%）。药剂的使用浓度，应根据药剂种类、植物种类、用途及使用方法来确定。只有浓度适宜，才能取得好的效果。

（2）药剂的配置　生长素 IAA、NAA 等配制时，由于它们不溶于水，故先将粉剂溶于 95% 酒精，再将酒精溶液加入水中，稀释后再用。细胞激动素配制时，是将粉剂溶于盐酸，再将盐酸加入水中稀释后使用。

（3）施用方法　叶面喷施的方法与叶面追肥相同，也应注意环境条件，使药剂易于吸收。

（4）用过的器皿、喷雾器等一定要清洗干净。

第二章　土壤肥料

第一节　土壤的理化性质

一、土壤容重与土壤结构

（一）土壤容重

单位容积原状土（包括粒间孔隙）的干重称为土壤容重，也称为土壤密度，单位为 $g \cdot cm^{-3}$，$t \cdot m^{-3}$。土壤结构和孔隙状况保持原状而没有受到破坏的土样称为原状土，其特点是土壤仍保持其自然状态下的各种孔隙。

各种类型土壤的容重相差很大（表2-1）。影响土壤容重大小的因素主要是土壤质地状况、土壤有机质含量、土壤结构性和耕作状况。一般来讲，黏重土壤的容重相对较小；有机质含量低的土壤容重较大；没有结构的土壤，其容重主要受土壤质地的影响；如果经常受到耕作挤压，则土壤的容重大，反之则小。一般农田土壤的容重在 $1.10 \sim 1.70 g \cdot cm^{-3}$ 之间，城市绿地土壤由于踩踏严重，土壤容重大多偏高。

不同类型土壤的容重范围（单位：$g \cdot cm^{-3}$）	表 2-1
土壤类型	容重范围
有机土	0.2~0.6
未经耕作的林下和草地表层土壤	0.8~1.1
黏质和壤质耕作土壤	0.9~1.5
壤质和砂质耕作土壤	1.2~1.7
城市绿地土壤	1.2~1.7

土壤容重对植物生长和土壤肥力有多方面的作用。

土壤容重可反映土壤的松紧状况和孔隙度大小，容重越大，土壤越紧实，孔隙占土壤体积越小；反之，土壤越疏松，孔隙体积的比例越大。对于种植土壤来讲，容重过大过小都不适合，过大则土壤太紧实，通气透水能力差；过小则土壤太疏松，通透性较好但保水性差（表2-2）。

土壤容重与松紧度的关系 表2-2

松紧状况	容重 / (g•cm⁻³)	孔隙度 /%
最松	<1.00	>60%
松	1.00~1.14	56~60
适宜	1.14~1.26	52~56
稍紧	1.26~1.30	50~52
紧	1.30	<50

引自：夏冬明主编《土壤肥料学》

土壤的松紧状况还影响到土壤耕性和根系在土壤中的延伸。容重越大的土壤，比较紧实，耕作阻力大，不利于根系在土壤中的延伸。如容重小，则对耕作和根系的影响相反。在植物正常生长的土壤含水量范围内，当土壤容重大于一定值就可能抑制根系在土壤中的延伸。对于城市绿地土壤来讲，土壤容重在 1.10~1.35g•cm⁻³ 之间较为适中。

（二）土壤结构

岩石风化的矿物质颗粒受各种作用胶结成形状不同的团聚体，在土壤中排列形成不同的结构，如块状、核状、柱状、片状、团粒状结构。最理想的土壤结构是团粒结构。

1. 团粒结构土壤具有以下特点

粒径约在 0.25~10mm 之间的近似圆球的土团，组成了团粒结构的土壤，实践证明团粒结构粒径为 2~5mm，遇水不能散开的团粒对改善土壤质量最有益，团粒结构同时满足植物对水分、空气的需要。

（1）孔隙适当，通气透水性好，在团粒之间为非毛管孔隙。为空气所占据，是空气和水分的通道，这样结构的土壤透水、保水、通气性好。

（2）团粒多，保水保肥能力强；团粒内部为毛管孔隙，是水分、养分的贮存所、供应站。

2. 促进土壤团粒结构形成的方法

腐殖质、黏粒、钙离子是团粒的胶结剂。增施有机肥，提高土壤有机质和腐殖质含量，是促进团粒结构形成的有效途径；把绿地产生的枯枝落叶经过粉碎、充分腐熟，施入土壤中，对于改善土壤结构具有良好的效果。

（三）土壤酸碱性

1. 土壤酸碱性分级

土壤酸碱性是指土壤溶液的反应，它反映土壤溶液中 H^+ 浓度和 OH^- 浓度比例，同时决定于土壤胶体上致酸离子（H^+ 或 Al^{3+}）或碱性离子（Na^+）的数量，以及土壤中酸性盐和碱性盐类的数量。土壤酸碱性是土壤重要的化学性质，是成土条件、理化性质、肥力特征的综合反映，也是划分土壤类型、评价土壤肥力的重要指标。它不但直接作用于土壤的养分转化和供应，还作用于植物的生长发育与土壤微生物的活动，对土壤物质转化起到重要的作用。土壤酸碱性的强弱以 pH 值表示，土壤酸碱度的等级通常划分如下（表2-3）：

土壤酸碱度分级　　　　　　　　　　　　表 2-3

范围	分级
pH <5.0	强酸性
pH 5.0~6.5	酸性
pH 6.5~7.5	中性
pH 7.5~8.5	碱性
pH >8.5	强碱性

气候条件是影响土壤酸碱度状况的主要因素，它是通过土壤中岩石矿物的风化影响土壤的酸碱状况。由于气候条件具有地带性分布，大部分土壤的 pH 高低也有地带性分布规律。从我国土壤的酸碱状况来看，具有"南酸北碱"的规律。

土壤酸性物质最初来源是岩石矿物的风化。由于 Al^{3+}，H^+ 的交换能力强于其他阳离子，随着风化和成土强度的提高，这两种离子在土壤中的含量也越来越高，而交换能力较弱的盐基离子的含量越来越低。Al^{3+} 水解后能产生较多的 H^+，因此，风化程度越高的土壤，其 pH 越低；反之，土壤的 pH 较高。

土壤中的生物活动也能产生酸性物质，特别是根系生长，它能向土壤中分泌较多的小分子有机酸。生命活动过程的呼吸作用向土壤中释放 CO_2，它们溶解于水后也能产生酸性物质。

施肥也能给土壤补充酸性物质。一是肥料本身含有酸性物质，例如过磷酸钙含有一定量的硫酸；二是肥料施入土壤后，由于植物根系的选择性吸收或土壤微生物的转化而产生的酸性物质，也就是生理酸性肥料。例如硫酸铵施入土壤后，植物对铵离子的吸收远大于对硫酸根离子的吸收，使得后者残留在土壤中。再例如，施用一些碳氮比（C/N）较小的新鲜有机肥，微生物转化分解时通常产生一些小分子有机酸。

土壤酸性物质的另一个主要来源是大气沉降。即大气中的酸性物质通过干湿沉降进入土体，例如酸雨。随着近代空气污染的不断加重，局部地区由于酸雨等原因导致的土壤酸化成为土壤退化的一个重要方面。

2. 土壤酸碱性对植物生长的影响

由于长期的自然选择和人工选择的结果，不同植物都有一个最适合生长发育的酸碱度范围（表 2-4）。有些分布较广的植物对土壤酸碱度的适应范围较宽；而另一些植物则对土壤酸碱度的要求较高，例如茶树、杜鹃等植物适宜在酸性土壤中生长；而槐树、榆树、柏木等适应在石灰性土壤中生长；而泡桐、柽柳、臭椿等在盐碱地上能正常生长。因此要遵循适地适树的原则，园林设计中要充分考虑植物对土壤酸碱性的适应性。

部分园林植物适宜的 pH 范围 表 2-4

植物	pH	植物	pH
杜鹃	4.5~5.5	杨树	6.0~8.0
山茶	4.5~6.5	月季	6.0~7.0
马尾松	4.5~6.5	一品红	6.0~7.0
广玉兰	5.5~6.0	贴梗海棠	5.5~7.5
冷杉	5.0~6.0	郁金香	6.0~7.5
云杉属	5.0~6.5	三色堇	6.0~7.5
棕榈科植物	5.0~6.3	仙客来	5.5~6.5
松属	5.0~6.5	菊花	5.5~6.5
落羽杉	5.0~8.0	石竹	7.0~8.0
香樟	5.0~6.0	凤梨科植物	4.0~4.5
茶	5.0~8.0	兰科植物	4.5~5.5

引自夏冬明主编《土壤肥料学》

园林生产的基质制备中，基质的酸碱度调节是非常重要的。主要分布于南方的园林植物一般较喜欢中性至酸性的基质，而主要分布于北方的园林植物一般喜欢中性或碱性的基质。

第二节　土壤水分、空气和温度

一、土壤水分

土壤水分的主要作用有：土壤中一切化学反应和生物化学反应的场所、土壤中物质迁移的介质、植物生长发育所需水分的主要来源、影响土壤物理机械性能以及水分运动对土壤和地表上植物的其他生理生态作用。

（一）土壤水分类型

存在于土壤孔隙中气相、液相、固相水的总和为土壤水分。土壤本身不产生水分，全部来自于外界供给，比如降雨或人工灌溉。

土壤中的水并不是纯水，而是溶解有一定浓度无机、有机离子和分子的稀溶液，也称为土壤溶液。所以，其理化特性类似于稀溶液，例如冰点低于零度等。

土壤水能否被植物吸收利用及其吸收的难易程度称为土壤水分有效性。不能被植物吸收的水称为无效水，例如土面蒸发的水、地表径流水、通过渗漏进入深层土壤的水等；能被植物吸收利用的水为有效水，例如毛管水等。

土壤水之所以能够存在于土壤孔隙中，是因为土壤对水分有一定的吸引力，而且吸引力必须大于重力。根据土壤对水分吸引力的不同，将土壤水分分成下列类型。

1. 吸湿水

固相土粒利用其表面的分子引力从大气中吸收的气态水，它们通常在土粒表面形成单分子水层。在实验室内，磨细且充分风干土样所含的水分为吸湿水。吸湿水受到的土粒吸引力极大，不能溶解其他物质，不能自由移动，植物不能吸收利用，是一种无效水。空气的相对湿度越大，则吸湿水含量越高。吸湿水达到最大含量时的土壤含水量称为最大吸湿量。

2. 膜状水

吸湿水含量达到最大后，土粒剩余分子引力吸附的液态水为膜状水。膜状水通常在吸湿水的外围形成一层连续的水膜。因其受到的吸引力远小于吸湿水，所以它对植物部分有效。

膜状水能从水层厚的土粒缓慢运动到水层薄的土粒表面。当植物发生永久萎蔫时的土壤含水量称为凋萎系数，也称为萎蔫系数，此时植物不能从土壤中吸收到水分。质地越是黏重的土壤，其凋萎系数越大（表2-5）。膜状水含量达到最大时的土壤含水量称为最大分子持水量，它反映了土壤颗粒表面引力对水分的吸收能力。

不同质地土壤的凋萎系数　　　　　　　　　　表2-5

土壤质地	粗砂土	细砂土	砂壤土	壤土	黏壤土
凋萎系数/%	9~11	27~36	56~69	90~124	130~166

引自夏冬明主编《土壤肥料学》

3. 毛管水

通过毛管力保持在土壤毛管孔隙中的水分为土壤毛管水。毛管水所受到的土壤吸引力远小于吸湿水和膜状水，所以毛管水对植物全部有效。毛管水是土壤供给植物生长发育的主要水分类型，它的移动能力很强，可以在土层中向上或向下等方向运动。深层土壤的水分也能够通过毛细管输送到表层土壤供植物利用，表层土壤多余的水分也可以通过毛细管下移到深层土壤或地下水中。

根据毛管水是否与地下水直接相连，将其分成毛管上升水和毛管悬着水两种类型，前者与地下水相连，后者不相连。当毛管悬着水含量达到最大时的土壤含水量称为田间持水量，它反映了表层土壤的保水供水能力。田间持水量越大，则土壤保水供水能力强，反之土壤保水供水能力弱。影响土壤田间持水量大小的主要因素是土壤的毛管孔隙度，而土壤质地、有机质及耕作状况是影响土壤毛管孔隙度的主要因素，其中质地是最主要的因素。砂土的田间持水量为16%~22%、壤土为22%~30%、黏土为28%~35%。

4. 重力水

重力水是指土壤中只受重力作用沿着大孔隙向下运动的水分。只有当土壤水分含量高过土壤田间持水量时才能出现重力水。由于重力水不易被保持在表层土壤中，植物基本不能吸收利用这部分水，是一种多余的水。

重力水向深层土壤渗漏时，能够把土壤溶液中的部分可溶性盐也带入深层土壤，引起养分的损失，这一过程称为淋溶。重力水下渗时，给深层土壤带来更多的氧气，也可以将盐碱土中的可溶性盐带入下层土壤，可降低表土层的可溶盐含量。当土壤所有孔隙充满水时的土壤含水量称为全蓄水量或饱和持水量，它反映了土壤的孔隙状况。

（二）土壤水分有效性

凋萎系数是土壤有效水分的下限，田间持水量是有效水分的上限。田间持水量与凋萎系数之间的差值是土壤有效水的最大含量（表2-6）。当土壤含水量低于凋萎系数时，水分受到的土壤吸力大于植物根系对其的吸引力，则植物不能利用这部分水；而当土壤含水量高于田间持水量时，则土壤通气孔隙中也充满水，但在旱地中，通气孔隙中的水极易通过渗漏的方式进入底层土壤，而不能被分布在表层土壤中的植物根系吸收利用，也是无效水。

不同质地土壤的参考最大有效水含量（单位：%）　　　　　　表2-6

土壤质地	砂土	砂壤土	轻壤土	中壤土	重壤土	黏土
田间持水量	12	18	22	24	26	30
凋萎系数	3	5	6	9	11	15
有效水最大含量	9	13	16	15	15	15

引自夏冬明主编《土壤肥料学》

土壤最大有效水含量的高低主要取决于土壤质地和有机质含量，但质地比壤土黏的土壤，其最大有效水含量变化不大。有机质能够促进良好土壤结构的形成，而良好的土壤结构能够改善土壤的孔隙性质，提高土壤的保水能力，增加有效水的最大含量。

（三）土壤水分调节

通过一定的生产措施提高或降低土壤含水量的过程称为土壤水分调节。水分调节的目的是为植物的生长创造一个良好的土壤水、气、热环境，调节的方法有多种。

1. 灌溉

灌溉是增加土壤水分含量的主要措施。灌溉是指通过一定的工程方法将其他来源的水分（客水）引入土壤，以补充土壤水分的一种生产措施。

灌溉的方式有多种，例如漫灌、喷灌、滴灌、微喷等。不同的植物均可采用一种或两种灌溉方式，每种灌溉方式也有一定的适用条件。面积较大、集中连片种植的草坪宜采用喷灌等方式；面积较小、零碎的种植区宜采用滴灌、微喷等方式；大乔木宜采用小管出流、根部灌溉等方式；小乔木及灌木宜采用滴灌、小管出流等方式；花卉宜采用滴灌、微喷等方式。

2. 排水

排水是指通过一定方法将土壤内多余的水分排出土壤的一种生产措施。根据排水目的，排水可分为排除地面积水、降低地下水位及排除土壤内部滞水3种方式。我国南方低洼平原地区，地下水位高，地面排水不畅，多雨季节常发生地表积水，土壤长期处于水分饱和状态，通气性差，此时的排水以降低地下水位和排除地面积水为主要目的。有些土壤，由于耕作层以下形成黏盘层，导致土壤内部局部积水，也需以一定的方式排出。北方地区，由于地下水位普遍偏低，降雨量偏少，气候干旱，排水问题不突出，仅局部的低洼区域需要进行排水。排水的设施主要有排水沟、渗水井、涵洞、涵管等。根据排水设施在绿地的位置，沟、井、洞、管等可以结合地形、植物配置进行布局安排，尽量跟周围环境协调一致，不破坏景观。

3. 蓄水保水

绿化生产及养护中通过适当的耕作措施也可以达到减少土壤水分损失、维持土壤含水量的目的。比如树皮、木屑等有机覆盖物是保水保温的良好生产措施。采用树皮、木屑覆盖后隔断了土壤水分向大气蒸发的通道，减少了土壤水分的蒸发损失；同时，覆盖后由于表层土温变化特征发生变化，导致表层土壤内水汽的蒸发和凝固特征发生变化，提高了表层土壤水分含量。

合理深耕可以改善表层土壤的孔隙性质，可提高土壤的通气透水及保水性能。中耕松土可以疏松表土，改善土壤孔隙性质，增加土面水分蒸发阻力，减少土壤水分的消耗，特别是降雨或灌溉后及时中耕，可显著减少土面的水分蒸发，提高土壤的抗旱能力。对于质地较粗或疏松的砂土，在含水量较低时对表土进行镇压，由于降低了土壤通气孔隙度，可以起到保墒和提墒的作用。

4. 发展节水园林

我国是一个无论从水资源总量上还是从水资源结构上均较少、缺乏的国家，而其中的绿化用水又是水资源的消耗大户，通过技术改进可以显著降低绿地耗水，节约水资源。

发展节水园林，可以从以下几个方面做起：第一，推广使用耐旱节水型植物材料，减少耗水量大的冷季型草坪草的面积；第二，采用节水灌溉技术和节水灌溉制度，尽量采用喷灌、滴灌等灌溉方式，而减少漫灌；第三，具备条件的地区，尽量采用达标的中水或再生水等再生水源，减少自来水或地下水的用量，还可以通过乔灌草搭配，地被覆盖等技术措施，减少土壤水分蒸发。

二、土壤空气

存在于土壤孔隙中的气体总和为土壤空气，它是土壤的重要组成成分，是与大气交换、土壤生物活动及土壤化学反应的产物。土壤空气含量与土壤水分互为消长。

（一）土壤空气的组成和特点

土壤空气来自于大气，但在土壤内，由于根系和微生物等的活动，以及土壤空气与大气的交换受到土壤孔隙性质的影响，使得土壤空气的成分与大气有一定的差别。与大气相比，土壤空气的组成特点如下。

第一，土壤空气中的二氧化碳的含量高于大气，其原因是土壤中生物呼吸释放出二氧化碳。少数土壤中，碳酸盐类矿物溶解也能释放出一定的二氧化碳。

第二，土壤空气中的氧气含量低于大气，这是因为生物呼吸不断消耗氧气所致。大气与土壤空气交换不及时也是原因之一。

第三，土壤空气的相对湿度比大气高，这是因为有植物生长的土壤的水势远低于大气，所以不断有水分蒸发成为气态水。

第四，土壤空气中有时像甲烷等还原性气体的含量远高于大气。还原性气体通常在水分饱和的土壤中产生，如它们的浓度很高，可能会不利于植物的生长。

第五，土壤空气各成分的浓度在不同季节和不同土壤深度内变化很大，主要作用因素是植物根系的活动和土壤空气与大气交换速率的大小。如根系活动弱，且交换速率快，则土壤空气与大气成分浓度相近；反之，两者的成分浓度相差较大。

（二）土壤空气的运动及其通气性

土壤空气与大气的交换及土体内部气体的运动特性称为土壤通气性或土壤透气性。如土壤空气与大气的交换速率快，且土体内部空气很快达到平衡，则土壤的通气性好；反之，土壤的通气性差。土壤空气与大气之间的交换主要包括两个方面：

1. 土壤空气的整体交换

由于土壤空气与大气之间存在压力梯度而引起的气体整体移出土体或整体进入土体的过程称为土壤空气的整体交换。整体交换能较彻底地更新土壤空气，其作用的动力是存在气体的压力差。

有许多种方式可以导致土壤空气的整体交换。例如，降雨或灌溉时，由于雨水通过通气孔隙进入土层，而将通气孔隙内的土壤空气排出土体；由于大气和土壤温度的不均匀变化导致的空气体积的不均匀膨胀或收缩，使土壤空气和大气间产生压力差引起空气的运动。

耕翻或疏松土壤是整体交换的另一种方式，例如旋耕机、盖籽机破碎土壤时，可以使土壤空气比较彻底地与大气交换，所以耕翻土壤的重要目的之一是更新土壤空气。土壤中耕也能通过整体交换达到更新表层土壤空气的目的。

2. 土壤空气的扩散

某种物质从浓度高处向浓度低处的运动称为扩散。土壤空气扩散是指土壤空气与大气成分沿浓度降低方向运动的一种过程。一般情况土壤空气扩散的方向是：氧气从大气向土壤、二氧化碳从土壤向大气、还原性气体从土壤向大气、水汽从土壤向大气。

土壤空气扩散时向大气释放出二氧化碳，而从大气中吸收氧气，类似于人类等生物的呼吸，故也称为土壤呼吸。单位时间内单位面积土壤上释放的二氧化碳的数量或者消耗的氧气数量称为土壤呼吸强度。土壤呼吸释放的二氧化碳主要来自植物根系的呼吸和土壤微生物的呼吸，以及极少量的碳酸盐的溶解。由于土壤微生物呼吸释放的二氧化碳中的碳源来自土壤有机质，所以如果排除植物根系的呼吸速率，则剩余的土壤呼吸速率可以反映土壤有机质矿化速率的大小。土壤每年因微生物呼吸消耗的有机碳数量约占土壤有机碳的 4.3%。

扩散是土壤空气更新的主要方式。影响扩散的主要因素是各种气体的浓度差的大小、通气孔隙度、扩散的距离及土壤水分含量等。浓度差越大、通气孔隙度越高、扩散的距离越短、水分含量越低，则有利于土壤空气的扩散；反之，则不利于土壤空气的扩散。

（三）土壤空气调节

增加或减少土壤空气，特别是氧气含量称为土壤通气性调节。

调节土壤空气的主要措施是排水或灌水以及土壤耕作。排水可以增加土壤空气的含量，灌水可以降低土壤空气的含量，耕作既可增加土壤空气的含量，也可促进土壤空气的更新。踩踏严重或板结问题突出的局部土壤环境，需采取措施改善土壤通气性。

三、土壤热量

反映土壤热量状况的指标是温度，因为温度直接决定各种生物活动的快与慢。土壤热量是研究进入土壤的热量数量和热量损失的数量以及在这两种因素共同作用下土壤温度的变化。

（一）土壤热量的来源和平衡

土壤热量有 3 种来源，即太阳辐射、生物热和地热，以太阳辐射为最主要的来源。

1. 太阳辐射

太阳辐射进入大气层后，一部分被云层直接反射到太空，一部分被云层和大气吸收，剩余部分才能到达土壤表层，另外被大气和云层吸收的一部分太阳辐射也可以通过辐射形式到达地表。计算表明，到达大气层的 47% 的太阳辐射可到达地表，到达地表的太阳辐射以蒸发蒸腾、对流传导及长波辐射 3 种方式重新进入大气层。

影响到达地表太阳辐射数量的主要因素是纬度、云层厚度、地面朝向、地面覆盖等几个。纬度越高、云层越厚及持续时间越长的地区，年接收的太阳辐射数量越少，反之则越多。

2. 生物热

微生物在分解转化有机质时释放的热量称为生物热。有机质及部分简单无机物在被微生物转化分解时，这些物质贮存的部分化学能被微生物吸收利用，另外一部分化学能则直接转化为热量进入环境中。生物热虽然数量较少，但在一定条件下可以适当提高或维持土壤温度，促进植物生长、幼苗早发。

（二）影响土壤温度的因素与土壤温度的变化

1. 影响土壤温度的因素

（1）海拔高度对土壤温度的影响

海拔越高，土壤温度越低。这是因为海拔越高，大气散热快。所以海拔高的土壤温度要低于海拔低的地方。

（2）坡向与坡度对土壤温度的影响

北半球的南坡为向阳坡，太阳光的入射角大，接受的太阳辐射较多，土壤蒸发也较强，土壤较干燥，致使南坡的土壤温度要比平地高。北坡是阴坡，情况正好与南坡相反，所以土温较平地低。

（3）土壤性质和覆盖对土壤温度的影响

土壤结构、含水量、质地等性质影响了土壤的热容量和热导率以及土壤水分蒸发所消耗的热量。土壤颜色深吸收的热量多，反之，吸收的热量少。所以在园林生产中，有时在土表覆盖一层炉渣、草木灰等深色物质用以提高土温。

2. 土壤温度的变化

对于非保护地栽培和部分保护地栽培的土壤而言，土温的变化主要与气温的变化相一致，但由于大气和土壤之间有一个热量输送的过程，所以土温的变化与气温的变化有一定的滞后性，至于滞后程度的大小则与土壤的热性质有关。

3. 土壤温度的日变化

表层土壤温度在一昼夜中的变化规律称为土壤温度的日变化。土温日变化与气温相似，即从上午到下午温度逐步提高，到 13：00—14：00 之间达到最高，然后土温逐步下降，至第二天日出前土温降到最低。

表土昼夜温差的大小首先取决于气候因素，然后与土壤热性质有关。导温率较高土壤的昼夜温差大于导温率低的土壤。越深的土层，其昼夜温差越小，且其土温变化与气温变化之间的滞后时间越长。如土层深于 60~100 cm，则土温在昼夜间没有太大的差别。

4. 土壤温度的年变化

由于我国地处北半球，土壤温度的年变化规律是：1 月或 2 月份土壤温度最低，然后随气温逐步上升，在 7 月或 8 月达到最高温度，再逐步下降，一年四季不断循环。

全年表层 15 cm 土层的平均温度较平均气温高。心土层温度是秋冬季比气温高，而春夏季低于气温。在晚秋—冬天—早春时节，表土层温度低于心土层；而在晚春—夏天—早秋时节，表层土温高于心土层。越是靠近地表的土层，其年温度变化幅度越大，越深的土层，年温度变化越小；如土层深度大于 100 cm，则温度在一年内基本没有变化。

（三）土壤温度的调节

土壤温度调节是指提高或降低土温，或延缓土温提高或降低的速率。通过生产措施和工程措施可达到调节土温以及植物生长环境温度的目的。

1. 露地绿地土壤温度的调节

灌溉排水，通过调节土壤水分含量调节土壤导温率，促进或加快土温的变化速率。例如早春的白天可通过排水提高土壤的导温率，加快土温的提高；而在傍晚，通过灌水，降低土壤导温率，减慢晚上土温的下降幅度。又如，刚进入冬季时，可以通过灌冻水，降低土壤导温率，在寒潮来临时，减慢土温的下降速率，使植物逐步适应冬季的气候条件。

增施有机肥料对土壤可以起到保温的作用，因为有机肥一般颜色较深，可以增加土壤的吸热量，二是有机肥在转化分解时可以很快释放一定的热量，补充土层中的热量损失，延缓土温下降速率。

2. 设施栽培土壤温度的调节

设施栽培主要指温室或大棚内种苗、花卉及苗木的栽培，土壤温度的调节主要分成保温或增温与降温或减缓温度上升两个方面。

保温或增温措施主要有 3 种办法：一是人工给土壤补充热量，例如冬季供暖、制热空调的使用、土壤中埋设电炉丝、通过管道将各种方式产生的热量补充到土面上部的环境中等方法；二是通过减少热量的损失起到保温的作用，如各种温室、大棚等；三是在部分栽培设施中也采用保温材料减少热量的损失，从而起到保温作用。

降温或减缓温度上升的措施主要有 3 种方法：一是加湿（水）法，即通过在表层土壤中或土壤上部空间补水，通过水分蒸发吸热加快热量的消耗，通常采用喷雾、水帘等办法，通过增加水分的水滴表面积促进水分的蒸发；二是用深色材料进行覆盖，减少到达设施内的太阳辐射量，减慢温度上升幅度，如温室大棚内的各种遮阴设施；三是用强制排风法，将设施内的热量随风带走，起到降温或减慢温度上升的作用，如各种设施内的气窗、排风扇、通风管道、鼓风机等。

第三节　土壤养分及土壤有机质的转化

土壤养分是土壤的主要肥力因素。植物生长发育必须有充足的养分供应。

一、植物生长发育必需的营养元素

植物生长发育要从土壤和空气中吸收几十种化学元素作为养料，才能完成完整的生命周期。主要元素有：碳、氢、氧、氮、磷、钾、钙、镁、硫、铁、锰、铜、锌、硼、钼、氯。

其中碳、氢、氧是组成植物体的主要元素，占干物重的 90% 以上，主要从空气和土壤中获得。其他元素则主要从土壤中吸收。植物对不同种类元素的需求量差异巨大，其中氮、磷、钾的需要量最多，称之为"大量元素"；而且植物对氮、磷、钾需要量要比土壤的供应量大得多，必须经常施肥来加以补充，因此通常把氮磷钾称为肥料的"三要素"。相对而言，钙、镁、硫的需求量次之，称之为"中量元素"，铁、锰、铜、锌、硼、钼、氯则需求量最少，称之为"微量元素"。尽管植物对各种营养元素需求量差别很大，但它们对于花草树木的生长发育却同等重要，既不可缺少，也不可相互替代。

二、土壤有机质的转化

土壤中的动、植物残体由于成分、结构复杂，植物不能直接吸收利用。它们必须要经过土壤微生物的分解，才可以由复杂的有机物变成能被植物吸收利用的简单的无机物。

有机残体进入土壤后，经微生物活动，有机质向两个方面转化，一是将复杂的有机物分解产生二氧化碳、铵盐、硝酸盐、碳酸盐等简单化合物，即有机和无机化合物，这一转化称为矿质化过程；另一方面，是有机质在分解的同时，部分分解产物，经微生物重新合成为更复杂的有机物——腐殖质，称为腐殖化过程。两种过程同时发生，且互相制约又互相促进。

在分解养分的过程中，外界环境条件很重要。若是土壤疏松、通气，水分、温度适宜，好气性细菌活动旺盛，有机物质就能全部被分解，养分被释放出来就以矿质化过程为主。若是土壤通气不好，低温、多湿，则只有嫌气性细菌才能活动，有机物质分解不彻底，可能形成腐殖质，养分被积累就以腐殖化过程为主，也有可能产生还原性气体。

三、有机肥料的作用

有机肥料含有植物所需的各种养分和培肥土壤的有机质，所以，有机肥料不仅能增加土壤养分、为植物提供养分，而且对提高土壤肥力、改良土壤及改善土壤生态等方面都有着重要的作用。

（一）有机肥料是植物养分的来源

有机肥料含有植物生长必需的大量元素和微量元素。营养成分多为有机态，经过微生物的分解，能转化为可溶性的能被植物直接吸收利用的养分。

有机肥料腐解过程中产生的胡敏酸、生长素、酶、激素等活性物质，对改善植物营养、加强新陈代谢、促进植物根系发育、刺激植物生长和提高植物对养分的利用等都有重要作用。

有机肥料属于迟效性肥料，它养分分解缓慢，不易淋失，肥效长，不仅当年有效，而且后期效果也长，所以能较长时间地持续供给植物矿质养分、有机养分、二氧化碳等。

（二）增加土壤中多种养分的含量

施用有机肥料能增加土壤中各种养分的含量。同时有机肥料经土壤微生物的分解，使迟效养分转化为速效养分，并且在分解过程中常常产生有机酸和无机酸，能促进土壤中一些难溶性无机养分的溶解，从而增加土壤速效养分。所以，施用有机肥料能增加土壤的潜在养分和有效养分。

（三）增加土壤有机质，改善土壤的理化性质

有机肥料通过腐殖化过程所形成的腐殖质，具有改善土壤理化性质的作用。腐殖质的黏结力比黏粒小，但比砂粒大，可通过施用有机肥改良土壤过黏或过砂的质地，调节松紧度；腐殖质可促使土粒形成团聚体，改善土壤结构和耕性，良好的土壤结构具有大、小孔隙适当，可调节土壤水、气状况；腐殖质的吸水量为400%~600%，能增强土壤保水能力；腐殖质是一种有机胶体，具有很大的阳离子交换量，能提高土壤的保肥能力和酸碱缓冲性能；另外腐殖质颜色深，有利于吸热，提高土温。从而为植物生长创造良好的条件。

（四）增强土壤微生物的活动

施用有机肥料增加了土壤中有益微生物的数量，同时为土壤微生物的活动创造了良好的营养条件和环境条件，使土壤微生物的活动增强，提高了土壤活性。

（五）净化土壤环境

通过有机质对镉、铅等重金属的吸附固定作用，土壤微生物对土壤中残留农药的分解，有利于土壤环境的净化，使有毒物质对植物的毒害大大减轻甚至消失。

因此，有机肥料不仅能维持与提高土壤肥力，还能使生态系统中的各种养分资源得以循环、再利用，有机肥还能持续、平衡地给植物提供养分，从而改善植物的品质。生产实践中，应注重有机肥料的补充和使用。

第三章　园林树木

第一节　园林树木的识别

树木识别主要从树种的形态特征入手。外部形态包括根、茎、叶、花和果实等，需要我们认真观察、比对和鉴别，才能准确无误地识别出树种。

北京园林树木绝大多数为落叶树种，从 11 月下旬至翌年 3 月，有近半年时间没有叶片，仅以冬芽的形态宿存于枝条，而园林中如掘苗、假植、出圃、冬季修剪、春季植树等工作均在落叶后、发芽前进行。因此树木冬季形态识别对于从事园林绿化工作的技术人员具有重要的意义。

此外，在树木整个生长期内，要经历萌芽、展叶、开花、结果、落叶等生命周期，这一时期识别以叶片、花、果实等器官的形态为主，统称为夏季识别。

一、冬季识别

（一）树木冬态的概念

北京位于北纬 40°，属温带大陆性季风气候，从 10 月中旬初霜至 4 月初终霜，全年霜期为 170 天。在近半年的时间里除常绿树种和温室植物外，大部分树木都落叶，并停止生长，进入休眠状态。树木冬态是指落叶树种在进入休眠时期，树叶脱落，露出树干、枝条和芽苞，外观上呈现出与夏绿季节完全不同的形态。

（二）树木冬态识别

树木冬态识别一般遵循从整体到局部，由表及里的原则，主要考虑如下特征。

1. 树形和树干

（1）树形

根据树木生长习性的不同，通常将树木分为乔木、灌木和藤木。乔木通常树体高大，有明显的主干，高度至少在 5m 以上，如国槐、毛白杨、臭椿、垂柳等。由于树干及分枝情况的不同，外观上呈现多样变化。通常有以下类型。

① 圆锥形：如银杏幼树等。

② 球形：如元宝枫、栾树、国槐、杜仲、榆树、千头椿等。

③ 圆柱形：如钻天杨、新疆杨等。

④ 阔（广）卵形：如银杏老树、美国白蜡等。

⑤ 伞形：如龙爪槐。

⑥半圆形：如馒头柳。

灌木通常树体矮小，高度在 5m 以下，多丛生或主干低矮。依枝、干特点可分为单干类和多干类，多干类根据形态特点分为直立型、拱垂型和匍匐型。

①多干直立型：如黄刺玫、棣棠、珍珠梅、贴梗海棠、蜡梅、天目琼花等，多数灌木树种属多干分枝类型。

②多干拱垂型：如连翘、迎春、猬实、水栒子、白玉棠、十姐妹等。

③多干匍匐型：如平枝栒子、砂地柏。

藤木茎干不能直立生长，只能靠缠绕或攀附他物向上生长。根据藤木生长特点可分为缠绕类、吸附类、钩攀类和卷须类。

①缠绕类：如紫藤、金银花。

②吸附类：如胶东卫矛、爬山虎、五叶地锦、凌霄。

③钩攀类：如蔓性蔷薇、藤本月季。

④卷须类：如葡萄。

（2）树干

树干包括干皮颜色、质地、是否开裂等情况。干皮颜色大多为灰褐色，但也有些树种干皮为红色、绿色、古铜色、灰色、白色，具有一定的观枝干效果。如梧桐、幼龄国槐、幼龄白皮松树干为绿色；山桃为古铜色；白桦、古白皮松树皮为白色；毛白杨、新疆杨树皮为灰绿或灰白色。大多数树种干皮质地粗糙，但也有如梧桐、小叶朴、幼龄合欢、竹子等树皮比较光滑。

树木到达一定的年龄，树干大多呈纵裂状，如国槐、刺槐、栾树、白蜡、柳树、元宝枫，但深浅不一；有些树种如白皮松、悬铃木树干呈薄片状开裂；柿树、君迁子等树皮呈长方形块状裂；金银木树干呈薄带状开裂。

2.枝条

各种树木枝条的粗细、断面形状、节间长短、姿态和颜色等存在不同，可以用来识别和鉴定树种。

（1）枝条粗细。枝条粗壮的树种有臭椿、胡桃、香椿、梧桐等；枝条较细的树种有垂柳、旱柳、馒头柳、柽柳等。

（2）断面形状。多数树种的当年生枝条断面为圆形，但也有当年生枝条断面为方形或近方形，如迎春、连翘、石榴、蜡梅、紫薇等；天目琼花的当年生枝条近六棱形。

（3）枝条姿态。枝条多数直立或斜向生长，有些如构树、枣树、紫荆小枝"之"字形扭曲；枝条扭转弯曲的树种有龙爪枣、龙爪柳、龙桑等。

（4）枝条颜色。枝条颜色以褐色和灰色为主，枝条为红色的树种有红瑞木、黄刺玫；枝条为绿色的树种有迎春、棣棠、梧桐、国槐等；山桃、碧桃向光面为红色，背光面为绿色，形成一面红一面绿的景观。

3.枝干附属物及枝条变态

有些树种枝干上特征明显的附属物也是识别树种的有力依据，如栓翅卫矛、大果榆的枝条具有木栓翅；黄刺玫、十姐妹、玫瑰、月季枝条上生有皮变态而来的刺，称为皮刺；皂荚、日本皂荚、柘树、山楂、贴梗海棠的枝上具有枝条变态而成的刺，称为枝刺，且皂荚和日本皂荚枝干上的刺具有分枝；石榴、酸枣、鼠李等树种的小枝先端变态呈棘刺状；爬山虎、五叶地锦小枝先端变态成吸盘和卷须；葡萄的小枝变态成卷须。枝条具有变态特征的树种不多，为某些树木所特有，因此凭此方面特征可识别出具体树种。

4. 皮孔

皮孔是生于枝或干上的气孔，它是冬季鉴别树种比较可靠的依据之一。不同树种其皮孔形状、大小、颜色、疏密度及是否突出等方面各不同。山桃、臭椿、枫杨等树种皮孔为透镜形；皮孔呈圆形或接近圆形的有国槐、垂柳、栾树、泡桐、槲树、紫丁香、红瑞木等。皮孔纵椭圆形的树种有地锦；皮孔密生的树种有栾树、接骨木、紫穗槐等，疏生者如垂柳、旱柳、贴梗海棠、山楂等；皮孔明显隆起的有国槐、栾树、连翘、接骨木等；皮孔呈细尖状突起的有悬铃木。

5. 髓

髓位于枝条中心部分，髓的形态也是鉴别树种比较可靠的依据之一。各种树木的髓心多有不同，鉴别时主要观察其断面的形状、大小、颜色，以及是实心、空心还是片状分隔。如毛白杨、槲树等的髓心呈五角形；海州常山、女贞的髓心近方形。天目琼花、海州常山、珍珠梅、接骨木等髓心粗大；元宝枫、银杏、榆树等髓心细小。红瑞木、锦带花、太平花、蜡梅、梓树、美国白蜡等多数树种髓心为白色；髓心褐色或浅褐色者有胡桃、臭椿、槲树等；髓心棕色或棕黄色者有黄栌、珍珠梅、文冠果等。

绝大多数树种的髓心为实心，有些树种如连翘、金银木、泡桐、溲疏等当年生枝条髓心中空；胡桃、枫杨、杜仲、金钟花等髓心呈片状分隔。

6. 冬芽

冬芽为季节性休眠的芽，冬季休眠，翌年春季萌发。根据冬芽着生的位置、方式、芽的大小、形状、颜色、芽鳞的有无及芽鳞数量的多少等，可对树木进行鉴别。

（1）顶芽、假顶芽

有些树种枝条顶端有芽，为有顶芽树种，如胡桃、白蜡、银杏、玉兰、梧桐、文冠果、元宝枫等。有些树种枝条顶端无顶芽，如臭椿、杜仲、国槐、刺槐、泡桐、旱柳等。有些树种靠近枝端部分节间缩短，近枝端的侧芽萌发抽条，乍看好像有顶芽，这种侧芽称为假顶芽。栾树、柿树、山杏等之芽均为假顶芽。

（2）单生芽、并生芽、叠生芽、叶柄下芽

多数树种芽的着生方式为单生；也有2~3个芽左右并列而生的，如桃、山桃、山杏、榆叶梅、毛樱桃等，这种称为并生芽；还有2~3个芽上下排列生长的，如皂荚、胡桃、枫杨、小紫珠、海州常山等，这种称为叠生芽。连翘、榆叶梅、毛樱桃的冬芽除并生外，短枝及近枝端常有多枚芽簇生。此外，有些树种的芽为叶柄基部覆盖，落叶以后芽才显露，称为叶柄下芽，如悬铃木、国槐、盐肤木、太平花、刺槐等均为叶柄下芽。

（3）鳞芽、裸芽、伏芽

大多数树种的冬芽外被有芽鳞片，称为鳞芽。有些树种冬芽无芽鳞片包被，称为裸芽，如枫杨、胡桃的雄花芽等。鳞芽中有仅是一片芽鳞的如旱柳、垂柳、悬铃木等；具 2 片芽鳞的有柿树、天目琼花、石榴、栾树、构树、椴树、板栗等；具多枚芽鳞的树种占多数，如丁香、连翘、毛白杨、榆叶梅等。

不同树种冬芽的形状也多不相同，有冬芽呈圆球形的，如梧桐、青檀、雪柳等；有圆锥形的，如樱花、毛樱桃等；有卵形的，如毛白杨、杜仲、椴树、栾树等；有扁三角形的，如柿树、君迁子、桑树等。有些树种的冬芽大而明显，如毛白杨、紫藤、七叶树、紫丁香等。也有小而不太明显的，如国槐、刺槐、山皂角等。多数树种冬芽的颜色为褐色或暗褐色，也有些树种冬芽的颜色较有特色，如紫叶李、山杏、黄刺玫等的冬芽为紫红色，碧桃的冬芽为灰色，梧桐的冬芽为锈褐色，椴树、紫丁香、海州常山的冬芽为紫褐色，白丁香冬芽为绿色，柳树的冬芽为淡黄褐色。

冬芽在枝上着生状态一般为斜生，但也有冬芽贴枝而生称为伏生。如红瑞木、锦带花等。还有些树木芽与枝呈近垂直状态着生，如金银木、水杉等。有些树种冬芽具树脂或不同程度被各种绒毛，还有的冬芽具柄，这些特征均可作为识别树种的依据。

7. 叶痕

叶痕是指叶片脱落后，叶柄在枝上留下的痕迹。叶痕的着生方式与叶片相同，有互生、对生和轮生 3 种方式。多数树种的叶痕为互生，如国槐、杨树类、柳树类、栾树、臭椿、海棠类、月季、榆叶梅、珍珠梅、绣线菊类等；叶痕对生的树种有白蜡、元宝枫、泡桐、丁香、连翘、金银木、锦带花、迎春、紫薇等；叶痕轮生的树种有楸树、梓树、灯台树等。

不同树种叶痕形状和大小各异。叶痕心月形的树种有紫丁香、山楂、榆叶梅、苹果和丝棉木等；叶痕肾形的树种有香椿、桑树、枫杨、文冠果、接骨木；叶痕心形的有栾树、臭椿、千头椿、太平花等；叶痕马蹄形的有国槐、火炬树、黄檗等；叶痕圆环形的树种有悬铃木；叶痕近圆形的树种有泡桐、构树、鹅掌楸、楸树、凌霄；叶痕半圆形的树种银杏、榆树、柿树、君迁子、杜仲、榭栎、紫藤、南蛇藤等；叶痕长圆形的树种有梧桐；叶痕 V 字形的树种有天目琼花。

8. 叶迹

叶迹是指叶痕上的点状细小突起，是连接茎与叶柄的维管束在断离后留下的痕迹。每个树种叶迹的数量和排列是一致不变的，是冬季鉴别树种的可靠依据。叶迹 1 个或 1 组的树种有白蜡、柿树、杜仲、石榴、蜡梅、紫薇等；叶迹 2 个或 2 组的树种有银杏；叶迹 3 个或 3 组的树种较多，有国槐、旱柳、垂柳、栾树、加杨、刺槐、枫杨、胡桃、山杏、黄檗、文冠果、珍珠梅、天目琼花、太平花、鼠李等；叶迹 4 个（组）或以上的树种有臭椿、桑树、悬铃木、梧桐、木槿等。

9. 宿存的果实、枯叶及秋季形成的花序

有些树木果实成熟后经冬不落，如栾树枝端顶生的圆锥果序上，挂着灯笼状蒴果，国槐枝条上绿色念珠状荚果，元宝枫似元宝状的翅果，金银木枝条上晶莹剔透的红色浆果。泡桐除蒴果宿存于枝条外，其秋季形成的圆锥状花蕾着生于枝条顶端。一些树种如元宝枫、黄栌、槭树、榭栎、栓皮栎等叶片经冬不落，或虽脱落但仍有少量枯叶残存在树上，有利于冬

季识别树种。

综上所述，每种树种均具有以上九大特征的两个以上明显特征，如区别迎春和棣棠，虽同为绿色枝条，但迎春树形拱垂形，小枝四棱形；棣棠树形直立，小枝断面圆形。冬季鉴别树种时，应重点掌握树种以下 4 个方面的性状表现，同时结合每种树特有的形态特征。

1. 冬芽部位、形态及芽鳞数量和排列。

2. 叶痕的基本形状及排列方式。

3. 叶迹的形状及组合。

4. 小枝髓部横切面形态、质地及结构。

（三）夏季识别

夏季识别树种主要以叶、花、果实等器官的形态为主，整个生长期叶片都着生在枝条上，但不同树种开花、结果和果实成熟时间多不相同。因此，夏季识别以叶片形态为主，花或果实为辅。

1. 叶片

首先通过叶片形态区分是针叶树种还是阔叶树种。阔叶树种从单复叶、叶片大小、叶片形态、叶缘、叶基与叶尖、托叶等特点进行识别。

（1）阔叶树识别

① 单叶或复叶

大多数阔叶树种的叶片为单叶，也有部分阔叶树种叶片为复叶。根据小叶在叶轴上的着生方式及小叶数量，可将复叶分为以下类型。

羽状复叶。小叶在叶轴上呈羽状排列。其中，叶轴顶端生有一片小叶的称为奇数羽状复叶。如国槐、刺槐、白蜡、紫藤、月季等。叶轴顶端生有两片小叶的称为偶数羽状复叶。如香椿、皂荚等。

有些树种的羽状复叶的小叶再分裂成小叶，排列于支轴的两侧，形成二回羽状复叶，如合欢。二回羽状复叶上的小叶再分裂一次，形成三回羽状复叶，如楝树、南天竺等。

掌状复叶。小叶集生于叶轴顶端，开展如掌状。如七叶树、美国地锦等。

三出复叶。由三片小叶组成的复叶。如迎春、胡枝子、葛藤的叶及爬山虎新枝上的叶等。

② 叶形及大小

叶片的形状多种多样，如银杏的叶片呈扇形，紫荆叶片呈心形，河北杨叶片呈圆形，柳树的叶片呈披针形，玉兰叶片为倒卵状长椭圆形，合欢小叶呈镰刀形；多数树种呈卵形、椭圆形或介于二者之间的形态。

不同树种叶片大小亦多不相同。北方应用叶片较大的树种有泡桐、悬铃木、梧桐、楸树等的单叶，及栾树、臭椿、胡桃、火炬树等的复叶。叶片较小的树种有平枝栒子、柽柳、紫叶小檗等。

③ 叶序

叶在枝上的排列次序称为叶序。叶序有互生、对生和轮生 3 种基本类型。杨树类、柳树类、国槐、银杏、榆叶梅、棣棠等树种，枝条每节上只生一叶，为互生叶序。泡桐、元宝枫、丁香、连翘、金银木等树种，每节上着生两片叶，为对生叶序。楸树、夹竹桃等树种，在一个节上生有 3 枚及以上的叶，为轮生叶序。

④ 叶缘和裂叶

多数树种的边缘不具任何齿缺，称为全缘。如国槐、泡桐、柿树、君迁子、丁香、紫荆、小叶女贞等的叶片。有些树种叶缘有齿，如大叶黄杨具有齿端圆钝的锯齿；连翘、碧桃、黄刺玫、榆树、柳树等具有齿端尖锐的锯齿；珍珠梅、榆叶梅等的锯齿中又复生小锯齿，称为重锯齿；栓皮栎、樱花的叶缘具芒状锯齿；迎春小叶边缘具短睫毛状锯齿。

当叶缘的齿缺凹入较深时，称为裂叶。如毛白杨、槲树叶片为波状缺刻，山楂叶的裂片为羽状裂，鸡爪槭的裂片为掌状 5~9 深裂，元宝枫、梧桐叶的裂片为全缘掌状裂。

⑤ 叶尖与叶基

多数树种叶片先端尖或圆钝。有些树种叶尖形态较特殊，如玉兰叶先端平圆，中间突出成一个短尖，形成突尖；银杏叶顶端呈扇面；鹅掌楸叶先端平截（或微凹）；樱花叶先端呈尾状；刺槐、皂角等一回羽状复叶的小叶先端具有短刺尖。

一般树种叶基多呈楔形或近圆形。一些树种，如紫荆、梧桐、泡桐等叶基呈心形；元宝枫叶基呈截形，故又得名平基槭；榆树、小叶朴、椴树、合欢等树种的单叶或小叶，叶基多不对称呈偏斜。小檗的叶基极狭，状如勺柄。

⑥ 叶柄与托叶

叶柄是连接叶片与茎的部分。大多数树种叶片具柄，但亦有树种叶片无柄，如盘叶忍冬。叶柄断面一般多为圆形或近圆形，但加杨叶柄呈两侧压扁形状；花椒和枫杨叶柄具翅；樱花、山杏、天目琼花等叶柄上具有突起的腺点。

托叶为叶柄基部的附属物，成对生长于叶柄基部两侧。有些树种如元宝枫、七叶树、胡桃等不具托叶；有些树种如柳树、紫叶李、碧桃、玉兰等托叶在展叶后即脱落；还有些树种托叶与叶片同时存在，称为托叶宿存。宿存托叶的形态也是我们识别树种的依据之一。如悬铃木托叶大，围绕着枝条呈圆领形；贴梗海棠的托叶呈半圆形，托叶边缘具尖锐重锯齿；十姐妹、白玉棠托叶部分与叶柄合生，托叶边缘呈篦齿状；榆叶梅的托叶细小如须；海棠托叶如叶片形状，但托叶细小；此外，枣树、刺槐托叶变为刺状，长期宿存于枝条上。

⑦ 叶片附属物

叶片附属物是指叶片上着生的柔毛、星状毛、刺毛、腺点、腺毛、鳞片、胶丝等，这些附属物的特点有利于快速识别出树种。如悬铃木、梧桐、糠椴、溲疏等树种叶片生有星状毛；构树叶片、紫藤及金银花的幼叶密被短柔毛；玫瑰、毛刺槐（江南槐）小叶柄及主脉上生有刺毛；胡桃、紫穗槐等小叶背面生有油腺点；栓皮栎、沙枣叶背具有银白色鳞片。

叶片气味、胶丝、乳液等特点也是树种识别的依据之一。臭椿、胡桃、香椿、黄栌、海州常山、华北香薷、花椒等树种，叶片揉皱后具有不同气味；杜仲叶片撕裂可见白色胶丝；桑树、构树、火炬树、杠柳等叶片撕裂可见黄色或白色的乳液。

（2）针叶树种识别

识别针叶树种时，首先着眼于叶形。针叶树的叶形主要有 4 种，即针形、刺形、条形和鳞形。油松、白皮松、华山松、雪松叶为针形叶；杜松、刺柏、铺地柏等树种叶为刺形叶；辽东冷杉、白杆、青杆、云杉、水杉、矮紫杉、粗榧等树种叶为条形叶；侧柏、香柏为鳞形叶。圆柏（桧柏）、叉子柏（砂地柏）的叶既有刺形叶又有鳞形叶。

在每一类叶形中，还可根据形状、组成情况、叶在枝上着生方式、针叶的长短等特征进一步鉴别。如云杉和冷杉的针叶虽均为条形，但云杉叶呈棱状条形，冷杉呈扁平条形。油松、白皮松、华山松的叶均为针形，成束着生，但叶的组成却不相同。油松为 2 针一束，白皮为 3 针一束，华山松为 5 针一束。樟子松与油松的针叶虽均为 2 针一束，但针叶长短不相同。樟子松针叶长 3~9cm，油松的针叶长 10~15cm。粗榧与矮紫杉同为条形叶，但粗榧叶背有两条白色气孔带。

2. 花

一朵完整的的花由花托、花萼、花冠、雄蕊和雌蕊 5 部分组成。一朵花中雌、雄蕊都有的称为两性花，只有其中一种的称为单性花。单性花生于不同植株上称为雌雄异株，生于同植株上，称为雌雄同株。同一树种既有单性花又有两性花的称为花杂性。单性花与两性花生于同一植株上称为杂性同株，反之称为杂性异株。多数园林树种的花属两性花，如国槐、栾树、丝棉木、丁香、连翘、榆叶梅等；杨柳类、银杏、白蜡、柿树、君迁子、杜仲等为雌雄异株的树种；胡桃、悬铃木等为雌雄同株树种；臭椿为杂性异株树种；元宝枫、五角枫、七叶树为杂性同株树种。

不同种类树木花冠的形状各异。豆科树种如槐树、刺槐、紫穗槐、胡枝子、鱼鳔槐等花冠为蝶形；山楂、棣棠、山桃、紫叶李、贴梗海棠、蔷薇等蔷薇科树种为花瓣基数 5 片、离生的蔷薇形花冠；丁香属、女贞属树种花冠为漏斗形；金银木、泡桐、楸树、黄金树、梓树等的花冠为唇形；连翘、锦带花、猬实的花冠为钟形；太平花、鸡麻的花瓣 4 片，相对排成十字形。

花在枝上的排列方式称为花序。花序种类、大小、形态、着生位置是从花的形态特征识别树种的依据。紫薇、珍珠梅、丁香、栾树、臭椿、国槐、七叶树等为圆锥花序；刺槐、紫藤、太平花的花为总状花序；杨柳类、胡桃、桑树、构树、白桦等的雄花为荑荑花序；合欢、悬铃木、柘树、构树（雌株）的花属头状花序；金银木、金银花、鞑靼忍冬等忍冬属树种花成对生于叶腋；绣线菊属的花序多为伞形花序；天目琼花、欧洲琼花、东陵八仙花的花序外缘为一圈大型不孕花边。此外还可依据花色、花部形态差异及花香等方面的特性进一步鉴别。

3. 果实

园林树木的果实类型多种多样。大多数树种的果实为蒴果，成熟后开裂，如杨树类、柳树类、栾树、泡桐、香椿、黄金树、楸树、丁香类、溲疏、连翘、太平花、紫薇、锦带花、海仙花等；国槐、刺槐、合欢、紫荆、皂角、紫藤等树种果实为荚果；枣树、山桃、杏、李、胡桃、小叶朴、黄栌、小紫珠等树种果实为核果；元宝枫、榆树、臭椿、白蜡、杜仲等树种果实为翅果；柿树、君迁子、石榴、金银木、小檗等树种果实为浆果；板栗、栓皮栎、槲树、麻栎等壳斗科树种的果实为具有木质化总苞的坚果；玉兰、梧桐、绣线菊类、珍珠梅、牡丹的果实为蓇葖果；苹果、海棠、贴梗海棠、梨树、平枝枸子等果实为梨果；月季、玫瑰、黄刺玫、蔷薇类的果实为浆果状的假果，特称蔷薇果，其真正的果实为包藏在假果内的骨质坚果。

在每类型果实中，还可依据果实的形状、大小、颜色及着生方式等差异进一步鉴别。例如同为蒴果，栾树果实如灯笼状，又得名灯笼树；楸树、梓树的果实细长如筷子；丁香的果实扁形，成熟后二裂如鸟啄；皂荚与山皂荚的果实均为荚果且大小相近，但皂荚果实肥厚，不扭曲，而山皂荚果实薄而扭曲；海棠花与小果海棠均称西府海棠，果形及大小相近，果序相同，但果色不同，前者果色黄，后者果色红；白蜡树与绒毛白蜡的果实均为翅果，果实形态相近，但前者果实生于当年枝顶或枝侧，后者果实生于两年生枝侧。

各种树木叶、花、果等形态表现各异，需要我们对树木进行细心地观测、比较，在共性中找出树种特有的、较为明显的个性，不断实践，就能识别出树种。

第二节　园林树木的分类

地球上的植物约有 50 万种，而高等植物达 35 万种以上，就我国而言，就有高等植物 3 万种以上，其中木本植物 7500 多种。如此多的植物若没有科学的鉴别和系统的分类，人们就无法正常应用。为了便于识别、应用和研究，必须将不同植物按照一定的方法进行分门别类，以便于人们在实践中加以利用。植物分类的具体方法和理论依据有很多种，但大致可归为两类，一类是人为分类法，多在应用学科中使用；一类是自然分类法，多在理论学科中使用。

一、人为分类法

人们凭着植物习性、形态或其效用等方面的某些特点进行分类的方法，称之为植物的人为分类法。

我国在公元前 476-221 年的《尔雅》一书记载植物约 300 种，分为草本和木本两类。我国明代本草学家李时珍（1508-1578 年）根据植物的形状和用途，以纲、目、部、类、种作为序列，将 1195 种植物分为草、谷、菜、果、木五类，并写成著名的《本草纲目》一书。欧洲最早进行植物分类的人是希腊学者亚里士多德（公元前 384-322 年），其按植物生长的习性，把植物分为乔木、灌木、半灌木和草本。瑞典植物学家林奈（1707-1778 年）以植物的生殖器官——雄蕊的数目及其位置作为分类依据，把植物界分为 24 个纲。人为分类法大体分为以下几个方面。

（一）按生长类型分类

1. 乔木类

通常树体高大，有明显的主干，高度至少在 5m 以上。根据株高具体分为大乔木、中乔木和小乔木。大乔木高度 20m 以上，如毛白杨、新疆杨、悬铃木等；中乔木高度 10~20m，如国槐、白蜡、栾树等；小乔木高度 5~10m，如山桃、紫叶李、石榴、樱花等。

2. 灌木类

树体矮小，高度在 5m 以下，无明显主干或主干低矮，分单干型和丛生型，多数灌木为丛生型。主要树种有迎春、连翘、榆叶梅、珍珠梅、黄刺玫、月季、金银木、天目琼花等。

3. 藤木类

藤木靠缠绕或攀附他物向上生长，依据生长特点分缠绕类、钩攀类、吸附类和卷须类。常见藤木有紫藤、金银花、爬山虎（地锦）、五叶地锦、凌霄等。

（二）按观赏特性分类

1. 观叶树木类

叶形或叶色具有观赏价值，或既观叶形，又观叶色。常见观叶形树种有银杏、鹅掌楸、紫荆等；常见观叶色树种有元宝枫、黄栌、洋白蜡、紫叶李、紫叶矮樱、紫叶小檗等；形色兼具的树种有银杏、元宝枫。

2. 观花树木类

可分春夏秋不同季节观赏。大多数树种花期集中在春季，常见树种有玉兰、蜡梅、迎春、连翘、榆叶梅、碧桃、黄刺玫、猬实、丁香、棣棠、月季等；夏季常见观花树种有栾树、合欢、紫薇、木槿、海州常山等；秋季常见观花树种有糯米条。

3. 观果树木类

常见树种有柿树、石榴、金银木、平枝栒子、水栒子、小紫珠等，秋季果实成熟后除观赏外，如柿树和石榴还可食用。

4. 观枝干树木类

常见树种有白皮松、悬铃木、山桃、红瑞木、棣棠、黄刺玫等。

5. 观树形树木类

常见树种有雪松、馒头柳、龙爪槐、垂枝榆、垂枝碧桃等。

（三）按在园林绿化中的用途分类

1. 行道树与庭荫树类

（1）行道树。种植在道路两旁的乔木，给车辆、行人遮阴，并美化街景，一般要求主干通直、冠大荫浓，抗污染，耐修剪，寿命长，且无绒毛飞絮。如国槐、银杏、栾树、丝棉木、鹅掌楸等。

（2）庭荫树。种植于庭院中及绿地内，以遮阴为主，兼顾观赏，一般树体高大，冠大荫浓。如悬铃木、泡桐、楸树、七叶树等。

2. 孤植树与园景树类

（1）孤植树。在绿地中单株栽植的树木，如雪松、白皮松、华山松、云杉等。

（2）园景树。在庭院、绿地中栽植观赏的树木，如雪松、油松、白皮松、合欢、栾树、垂柳等。

3. 防护林类

主要指防风固沙、防止水土流失、吸收有毒气体等树木，多成片或成带栽植，如杨柳林带、杨柳片林，油松片林、圆柏片林。

4. 花灌木类

一般具有观花、观果、观叶、观枝干颜色或形态等特点，在园林中应用种类和数量多。观花灌木有迎春、连翘、丁香、榆叶梅、黄刺玫、紫薇等；观果类有金银木、小紫珠、水栒子等。

5. 藤木类

在园林或城市中，起着垂直绿化作用的树木，多应用于棚架、墙面、拱门，及立交桥绿化等，如爬山虎、五叶地锦、紫藤、凌霄等。

6. 绿篱类

在绿地中起着分割空间、开阔视野、衬托景物的作用，一般生长缓慢、分枝多、耐修剪。北京常见有锦熟黄杨、圆柏、侧柏、金叶女贞、大叶黄杨、紫叶小檗等。

7. 地被类

用于裸露地面或斜坡绿化的树木，一般为植株低矮的灌木或匍匐的藤木，如平枝栒子、砂地柏、铺地柏、地锦、五叶地锦、扶芳藤等。

8. 盆栽及造型类

多生长缓慢，枝叶细小、耐修剪、易造型、耐贫瘠、易成活、寿命长，苹果树、荆条、榔榆、五针松、蜡梅、梅花等。

9. 切花或室内装饰类

梅花、蜡梅、银芽柳、丁香等。

二、自然分类法

（一）自然分类法的概念

自然分类法是依据植物进化顺序及植物之间亲缘关系而进行分类的方法。它基本上反映了植物自然历史发展规律，亲缘关系相近的种归到一起，有利于植物识别。

（二）植物分类单位

自然分类法从广到细的分类单位为界、门、纲、目、科、属、种，有的因在某一等级中不能确切而完全地包括其形状或系统关系，故另设亚门、亚纲、亚目、亚科、亚属、亚种或变种等。

"种"是分类的最基本单位，相近的种集合而成属，类似的属而成科，由科并为目，由目而成纲，由纲而成门，由门合为界。这样循序定级，就构成了植物界的自然分类系统。

"种"是具有相似形态特征，表现一定的生物学特性，并要求一定生存条件的多数个体的总和，在自然界占有一定的分布区。因此，每一个"种"都具有一定的本质性状，并以此而界限分明地有别于他"种"。如国槐、侧柏、油松等都是彼此明确不同的具体的种。以元宝枫为例，植物的分类位置如下：

界 .... 植物界

门 .... 种子植物门

亚门 .... 被子植物亚门

$$纲 \cdots\cdots\cdots\cdots\cdots\cdots 双子叶植物纲$$
$$目 \cdots\cdots\cdots\cdots\cdots\cdots 无患子目$$
$$科 \cdots\cdots\cdots\cdots\cdots\cdots 槭树科$$
$$亚科 \cdots\cdots\cdots\cdots\cdots\cdots 槭树亚科$$
$$属 \cdots\cdots\cdots\cdots\cdots\cdots 槭树属$$
$$种 \cdots\cdots\cdots\cdots\cdots\cdots 元宝枫$$

（三）植物命名

植物种类繁多，按人为分类法只能进行归类，而自然分类法无法统一世界各地的叫法，即使同一地区，同种植物也有多个名称，给引种和应用带来诸多不便。因此，规范和统一树种的命名显得尤为重要。

目前，国际上通用的命名方法为林奈倡用的"双名法"，由两个拉丁化的词组成，第一个词为属名，第二个词为种名，种名之后附以命名人（多缩写）。如银杏的学名为 *Ginkgo biloba* L. 属名 *Ginkgo* 为我国广大方言的拉丁文拼音；种名 *biloba* 为拉丁文形容词，意为"二裂的"，系指银杏叶片先端二裂的意思；L 为命名人林奈 Carlvon Linne 即 Linnaeus 的缩写。

种下面有变种、品种和变型等，目前拉丁名均为在种名后加单引号表示，品种的第一个字母大写。

第三节　园林树木各论

一、常绿乔木

1. 白杆

科属　松科　云杉属

别名　麦氏云杉、毛枝云杉、白儿松

形态　树冠狭圆锥形，树皮薄片状剥落；大枝平展，小枝密生柔毛，基部宿存芽鳞反曲或开展，具叶枕；冬芽褐色，略有树脂；针叶四棱状条形，四面有白色气孔线，长 1.3~3cm，微弯曲（图 3-1）；雌雄同株，雌球花单生枝顶，雄球花单生叶腋，球果下垂；花期 4~5 月，果 9~10 月成熟。

分布　我国特产，自然分布于山西五台山，河北小五台山、雾灵山，陕西华山等山区，现城区有引种栽培。

习性　阴性树，喜阴凉湿润气候，不耐干热，可植于建筑物北侧或庇阴环境；抗寒、抗风力强；浅根性，不耐土壤密实，不耐水湿；对二氧化硫、一氧化碳和烟尘有一定抗性，抗氯气和氯化氢能力较弱。

繁殖　播种。

图 3-1　白杆

园林用途　白杆树形端正，枝叶茂密，由于密被白粉，叶片呈现出灰绿色，可孤植、群植于阴凉环境，也可山区造林应用。

2. 青杆

科属　松科　云杉属

别名　魏氏云杉、细叶云杉、刺儿松

形态　树冠圆锥形，小枝通常无毛，基部宿存的芽鳞紧贴小枝，具叶枕；冬芽灰色，无树脂；叶深绿色，针叶长 0.8~1.3cm（图 3-2）；雌雄同株，雌球花单生枝顶，雄球花单生叶腋，球果下垂；花期 4 月，果 10 月成熟。

分布　产河北小五台山、山西五台山、雾灵山、甘肃东南部、陕西南部、青海东部、湖北西部及四川。

习性　阴性树，耐寒，喜冷凉湿润气候，不甚耐城市干热环境；对城市渣土较能适应，不耐水湿和盐碱；适应性强，生长缓慢；对二氧化硫、一氧化碳、烟尘污染有一定抗性。

繁殖　播种。

园林用途　同白杆。

图 3-2　青杆

3. 雪松

科属　松科　雪松属

图 3-3　雪松

别名　喜马拉雅杉、喜马拉雅雪松

形态　树冠尖塔形，大枝平展，呈不规则轮生状，小枝略下垂；叶针形，长 2.5~3cm，散生于长枝，簇生于短枝（图 3-3）；花单性，雌雄异株，少数同株，球果大，种子有翅；花期 10~11 月，球果翌年 10 月成熟。

分布　原产喜马拉雅山西部海拔 1000~4000m 山地，现北京以南各地广为栽培应用。

习性　阳性，耐半阴；较耐干热，不耐严寒，北京迎风口或开阔地带植株需搭风障保护，大树抗寒性稍强。2009 年极端天气导致北京雪松枝条和针叶均不同程度发生冻害，苗圃小苗地上部受冻干枯。

较耐干旱，不耐水湿，和冷季型草坪一起栽植时，由于夏季草坪经常浇水，导致雪松根系生长不良，烂根后地上部出现焦叶，严重者甚至死亡。雪松对城市渣土有一定适应能力，但不耐盐碱和密实土壤，抗烟尘和二氧化硫能力较弱。

繁殖　播种为主，也可扦插繁殖。

园林用途　雪松树体高大，树形优美，世界著名观赏树之一。园林中可孤植于草坪中央、建筑物前或广场中心，也可对植于机关单位、建筑物两旁，或列植于园路两侧，都可形成很好的景观效果。雪松最早引种栽植于我国南方各省市，1949 年时的栽植北界至山东青

岛，后陆续引种到北京，并成为北京地区的重要孤植树。

4. 华山松

科属　松科　松属

别名　五叶松、青松

形态　小枝绿色或灰绿色；针叶 5 针一束，叶鞘早落，针叶细长柔软（图 3-4）；雌雄同株，球果圆锥状柱形；花期 4~5 月，果次年 9~10 月成熟。

分布　原产我国中部至西南部高山地区。

习性　喜光，也较耐阴；耐寒，但不耐强风；喜凉润气候和酸性土壤，不耐干热；对城市渣土适应性强。较耐干旱，对土壤通气要求较高，不耐密实。

图 3-4　华山松

繁殖　播种。

园林用途　该种针叶苍翠，冠形优美，生长较速，是优良的庭园绿化树种，适宜作园景树、林带树或高山风景林，也可丛植、群植于城市绿地。

二、常绿灌木

1. *砂地柏*

科属　柏科　柏属

别名　叉子圆柏、臭柏、新疆圆柏、天山圆柏

形态　匍匐性灌木，高不足 1m。大枝斜向上生长，小枝排列于大枝上侧生长；具刺形和鳞形两种叶形，幼叶多为刺形，老叶为鳞形，鳞叶交互对生（图 3-5）；多雌雄异株，球果熟时褐色或黑色，多少被有白粉。

分布　产南欧及中亚，我国西北和内蒙古有分布，现华中、华北、西北各省市有栽培应用。

习性　喜光，也较耐阴；耐寒，耐干旱瘠薄和盐碱，在城市渣土、多石山坡和沙地均可生长，但不耐水湿；大苗不甚耐移植，但栽植成活后较耐粗放管理；病虫害少，对烟尘和有害气体有较强抗性。

图 3-5　砂地柏

繁殖　扦插繁殖。

园林用途　砂地柏植株低矮，叶色常绿，园林中常作地被或基础种植；又因其病虫害少，极耐粗放管理，可用作水土保持、护坡、固沙树种。砂地柏栽培变种较多，北京市园林科学研究院从荷兰引进并筛选品种有'黄鹿角'杂种桧、'奥尔德金'杂种桧、'灰猫头鹰'北美桧，前两个品种生长季新梢金黄色，后一个品种新梢蓝绿色，观赏性状较好。

2. 小叶黄杨

科属　黄杨科　黄杨属

图3-6 小叶黄杨

形态 小枝方形，有窄翼，通常无毛；单叶对生，叶倒卵形，革质叶，表面有光泽，先端圆或微凹；花单性同株，簇生于叶腋，无花瓣，蒴果鼎状（图3-6）；花期4~5月，果实8月成熟。

分布 原产日本，现华中、华东和北京等地均有应用。

习性 喜光，也耐阴，阴下种植枝叶生长尚可，但少见开花结实；耐寒性强，叶片冬季变为橙褐色，能正常露地越冬，但遇极端低温迎风口有抽条现象；在城区道路、公园庭院中量以下碴土中生长良好，渣土含量过多则影响生长；耐盐碱和低湿，不甚耐旱。对烟尘污染和多种有害气体有较强抗性。

繁殖 播种、分株、扦插。

园林用途 小叶黄杨枝条密集，叶质厚而浓绿，耐修剪，北方园林中常作绿篱，或栽植于草坪并修成不同造型，或作基础栽植；南方园林中多培育成单干灌木或小乔木栽培应用。

3. 大叶黄杨

科属 卫矛科 卫矛属

别名 正木、冬青卫矛

形态 小枝绿色，光滑，稍四棱形；单叶对生，叶革质有光泽，缘有锯齿（图3-7）；花黄绿色，4瓣，5~12朵成密集聚伞花序，蒴果4裂，具橘红色假种皮；花期5~6月，果实10月成熟。

分布 原产日本南部，现我国各省均有栽培。

栽培变种有金边大叶黄杨、金心大叶黄杨、银边大叶黄杨和银斑大叶黄叶，由于这些品种抗寒性较差，在北京少有应用，黄河以南常见栽培。

图3-7 大叶黄杨

习性 喜光，也能耐阴；不甚耐寒，抗寒性不及小叶黄杨，迎风口和开阔地种植易抽条，尤其2009年和2012年极端天气冻害严重，现冬季普遍搭风障防寒。较耐土壤密实，生长慢，耐修剪，寿命长；抗二氧化硫、氯气、氟化氢等有毒气体和烟尘污染能力强，可植于工矿区。

繁殖 扦插为主，也可播种、压条、嫁接。

园林用途 本种枝叶全绿，四季常青，园林中常作绿篱栽培应用，也可修剪成不同造型配植于规则式园林中，或作基础种植、街道绿化和工厂绿化。

4. 凤尾兰

科属 百合科 丝兰属

别名 菠萝花、剑兰

形态 主干短，偶有分枝；叶剑形，质较硬，有白粉，呈密集状螺旋排列茎端；圆锥花序高1m有余，花大而下垂，乳白色，端部常带紫晕，夏秋两次开花，蒴果不开裂；花期6~10月（图3-8）。

　　分布　原产北美东部及东南部，黄河以南栽培较多，北京有栽培应用。

　　习性　抗寒性强，北京可露地越冬，但以喜温暖湿润，背风处生长良好；对土壤要求不严，城市碴土中可正常生长。

　　繁殖　扦插、分株。

　　园林用途　凤尾兰树美花大，叶片独特而常绿，花期清香四溢，可点缀于花坛中央，建筑物前，草坪边缘，假山石旁，或作基础种植，极具观赏价值。

图3-8　凤尾兰

三、落叶乔木

1. 旱柳

　　科属　杨柳科　柳属

　　别名　柳树、立柳

　　形态　树皮灰黑色，纵裂；小枝细长，直立或斜展；单叶互生，叶披针形，缘有细锯齿，叶柄短，托叶披针形，早落；花单性，雌雄异株，雌花为穗状花序，雄花为荑荑花序，雌花子房背腹面各具1腺体，蒴果2裂（图3-9）；花期3~4月，果4~5月成熟。

　　分布　我国分布较广，东北、华北、西北及长江流域各省区均有。

　　习性　强阳性树种，不耐庇荫；抗寒性强；耐干旱瘠薄，也耐水湿；根系发达，主根深，萌芽力强，抗风和固土力强；枝干在水中浸泡后容易萌生新根，故较耐水湿，扦插易活。

　　繁殖　扦插为主，也可播种。

　　园林用途　柳树冠型圆满，枝条婀娜，叶片嫩绿而落叶迟，耐水湿和干旱，易成活，抗性强，同时其变种绦柳、馒头柳姿态更为优美，是我国常见的园林绿化树种，可作行道树、四旁绿化、荒山造林和防护林。由于雌株飞絮较多，现北京市园林科学研究院研制出了"抑花1号"，可有效控制飞絮，也可应用时选择雄株，减少飞絮污染。

　　变种有馒头柳、绦柳和龙爪柳。馒头柳，树形半球形，分枝密集，端梢齐整，形如馒头，故得此名，北京园林中常见有栽培应用。绦柳，大枝向上生长，小枝细长下垂，华北地区常误认为是垂柳，雌花有2腺体。龙爪柳，枝条扭曲向上生长，树体较小，易遭虫害，寿命短。

图3-9　旱柳

2. 垂柳

　　科属　杨柳科　柳属

　　形态　树冠倒广卵形；小枝细长且柔软下垂；单叶互生，叶线状披针形，缘有锯齿（图3-10）；花单性，雌雄异株，雌花子房仅腹面具1腺体，蒴果2裂；花期3~4月，果熟期

图 3-10　垂柳

4~5 月。

分布　以长江流域及其以南各省平原区分布较多，华北、东北也有栽培。

习性　喜光，耐寒；喜水湿，耐水淹，适宜水边种植，但也耐干旱；根系发达，萌芽力强，长期浸泡水中容易生根；生长迅速，材质疏松，易遭受天牛蛀干害虫危害，故寿命较短，30 年后逐渐衰老；抗二氧化硫有毒气体能力强，可与工厂区绿化种植。

繁殖　扦插为主，也可播种。

园林用途　垂柳枝条细长飘逸，姿态优美，早春返绿早，特耐水湿，常植于水边，枝条随风飘洒，摇曳多姿，极有韵味，可与碧桃搭配栽植，形成桃红柳绿的美丽景观；也可作行道树、护堤固岸树、平原造林树及工矿区绿化树种。

3. 玉兰

科属　木兰科　木兰属

别名　白玉兰、望春花、木花树

形态　树冠卵形或近球形；当年生枝条有柔毛，具环状托叶痕；冬芽被柔毛，尤以顶芽明显；单叶互生，叶倒卵状长椭圆形（图 3-11）；花大，白色有清香，花萼、花瓣相似，共 9 枚，蓇葖果，熟时粉红色；花期 3~4 月，先花后叶，果实 9~10 月成熟。

分布　原产我国中部，唐朝就有栽培记载，现园林中广泛栽培。

习性　喜光，稍耐阴，有一定耐寒性，北京可露地栽培；肉质根，较耐干旱，不耐积水，低凹积水处不宜栽植；生长速度慢，北京地区每年生长 30cm 左右；不耐高温和干燥环境，以肥沃湿润而排水良好处生长为宜。玉兰不耐移植，北方以早春开花前或花谢后展叶前移栽为佳；因其愈伤力差，一般不修剪，即使修剪，应在展叶生长期进行。

图 3-11　玉兰

嫁接玉兰抗寒性差，生长缓慢，实生玉兰生长快，抗逆性优于嫁接玉兰，但开花迟，花朵小，观赏效果不佳。

繁殖　播种、扦插、嫁接、压条。

园林用途　玉兰早春满树白花，洁白雅致，清香四溢，是我国著名的早春开花乔木，因先花后叶，故有"木花树"之称。

4. 杜仲

科属　杜仲科　杜仲属

别名　丝棉树

图 3-12 杜仲

形态 树皮灰色，小枝光滑，无顶芽，髓心片状；单叶互生，叶片椭圆状卵形，老叶表面网脉下陷，呈皱褶状；雌雄异株，无花被，簇生或单生，翅果（图 3-12）；花期 4 月，先花后叶或花叶同放，果 9~10 月成熟。枝、叶、果撕裂后均有弹性丝相连。

分布 原产我国中西部地区。

习性 喜光，耐寒；适应性强，在酸性、中性、钙质或轻度盐碱土上均能正常生长，但在过湿、过干、过于贫瘠的土壤中生长不良；抗病虫害能力极强；生长迅速，萌蘖性强。

繁殖 播种为主，也可扦插繁殖。

园林用途 杜仲枝叶茂密，树形整齐，生长迅速，可作庭荫树和行道树。杜仲体内含有大量胶质，可提炼硬橡胶，也是优良的经济树种。

5. 悬铃木

科属 悬铃木科 悬铃木属

别名 英桐、二球悬铃木

形态 法桐和美桐杂交品种。树皮灰绿色，薄片状剥落；单叶互生，叶近三角形，掌状 3~5 裂，托叶圆领状，早落；具叶柄下芽；雌雄同株，花密集成球形头状花序，坚果常 2 球 1 串，偶 1 球或 3 球成串；花期 4~5 月，果 9~10 月成熟（图 3-13）。

分布 以英国栽培应用最早，之后世界各地均有栽培，我国也以该品种应用最多。

图 3-13 悬铃木

习性 悬铃木喜温暖湿润气候，树皮薄，不耐强光暴晒，北京适宜栽植在背风处，道路和空旷地栽植易灼条和裂皮；对土壤要求不严，微酸、微碱或中性土壤中均可正常生长；有一定耐旱力，但以水边种植生长良好，同时，北京早春的干冷风容易使其因地上部发生生理干旱而灼条；生长快，耐修剪，抗二氧化硫、氯气及烟尘能力强。

和悬铃木相似的同属种类有美桐（一球悬铃木）和法桐（三球悬铃木）。美桐树冠圆形或卵圆形，叶 3~5 掌状浅裂，中部裂片宽大于长；球果常单生，偶 2 个串生。原产北美东南部，我国长江流域至华北南部有栽培。法桐树冠阔钟形，幼枝、幼叶密生褐色星状毛；叶 5~7 掌状深裂，中部裂片长大于宽；球果常 3 个串生，多者可达 6 个。原产欧洲东南部及小亚细亚，耐寒性稍弱，越冬易灼条。根据多年栽种经验，3 种悬铃木以美桐抗寒性最强，其次为英桐，法桐抗寒性最弱。

繁殖 播种、扦插。

园林用途 悬铃木树体高大，树冠宽广，生长迅速、枝繁叶茂，遮阴效果极佳，是公认

图 3-14 山桃

的优良庭荫树和行道树，世界各地广为栽培应用。结合北京城市气候特点，悬铃木适宜栽植在公园、庭院、院校、机关单位等半开阔环境，行道树栽植应选择背风面。

6. 山桃

科属 蔷薇科 李属

形态 树皮暗紫色，具白色横纹皮孔，小枝紫红色，无毛，多直立或斜伸生长；冬芽 2~3 并生，被灰色柔毛，中间瘦小芽为叶芽，两侧饱满芽为花芽；单叶互生，叶卵状披针形（图 3-14）；花浅粉色，先花后叶，核果；花期 3~4 月，果 8 月成熟。

园林中栽培变种有：白花山桃，花白色单瓣；红花山桃，花单瓣，深粉色；白花山碧桃，系山桃和碧桃自然杂交品种，为小乔木，花白色，重瓣，花期介于山桃和碧桃中间。

分布 原产我国黄河流域及西南地区，自然分布于向阳石灰岩山地，现华北、东北南部、西北等地也有栽培。

习性 阳性树种，耐寒性强，较耐盐碱；耐干旱，不耐水湿；耐贫瘠，不择土壤，对城市土壤适应性强；生长快，寿命长；抗有害气体和烟尘污染能力强。

繁殖 播种为主。

园林用途 本种先花后叶，为桃树类开花最早的种类，也是北方乔木中开花较早的树种之一。枝干红褐色，游人经常触摸更具光泽，冬季可观红色枝干；适宜栽植于建筑物前、庭园、草坪、林缘、园路，以常绿松柏树作背景，更能突显花色；加之园林中变种的应用，更能增添花色，延长花期。

7. 樱花

科属 蔷薇科 李属

别名 山樱桃

形态 树皮暗栗褐色，光滑；小枝无毛，具点状突起；冬芽细长，先端尖，红褐色；单叶互生，叶卵形，叶缘锯齿端有芒状短刺，叶柄有 2~4 腺体（图 3-15）；花白色或淡粉色，核果，熟时黑色；花期 4 月，果 7 月成熟。

分布 产于中国南部，朝鲜和日本，现华北、东北南部也有分布。

习性 喜光，喜温暖湿润而又排水良好的环境；耐寒性不甚强，小苗遭遇极端天气易发生冻害，严重时甚至死亡，北京地区栽植前 2 年需保护越冬；不耐低湿和盐碱，抗有害气体和烟尘能力较弱。

繁殖 嫁接为主，也可播种。

园林用途 该树春季满树繁花，花开烂漫，唯花期较短。生长季叶色浓绿，略带光泽，秋季变为褐色，秋色叶树种。现樱花品种较多，部分品种抗寒性提高，可广泛应用于公园、建筑物前或疏林草地中，

图 3-15 樱花

也可栽植为专类园。

8. 皂荚

科属 豆科

别名 皂角

形态 枝刺红褐色，粗壮且有分枝，呈圆形；冬芽圆锥形，1～3叠生；偶数羽状复叶，叶缘有细锯齿（图3-16）；总状花序生于叶腋，花黄白色，荚果厚，黑棕色，扁平不扭曲；花期5月，果10月成熟。

分布 我国南北各地均有分布，山区丘陵和平原兼有。

习性 喜光，稍耐阴；耐寒性强，不择土壤，酸性、中性、石灰质和轻度盐碱土中均能正常生长；深根性，生长慢，寿命长，北京卧佛寺有2株百年以上的古皂荚，且长势良好。

图3-16 皂荚

繁殖 播种为主。

园林用途 皂荚树体高大，树冠圆满，全株枝刺坚硬，叶密荫浓，可用作庭荫树和四旁绿化树，也可栽植于公园角落或丘陵山区；同时果荚富含胰造质，煎汁可代替肥皂用作洗涤。

9. 香椿

科属 楝科 香椿属

别名 椿芽树

形态 树皮薄片状剥落，小枝粗壮；叶痕肾形，叶迹5；偶数羽状复叶，稀奇数，叶揉后有香味（图3-17）；花白色，圆锥花序，有香味；蒴果长椭球形，5瓣裂；花期6月，果9~10月成熟。

图3-17 香椿

分布 原产我国中部，现辽宁以南均有栽培。

习性 喜光，阳性树；有一定的耐寒力，幼苗耐寒性稍差，气温达到 –27℃时易受冻害；深根性，萌蘖性强；耐水湿，对土壤要求不严，在中性、酸性、钙质和轻度盐渍土壤中均生长良好；抗有毒气体能力较强。

繁殖 播种为主，也可分蘖和埋根。

园林用途 香椿春色叶红色，嫩枝和叶均可食用，且具有芳香气味，在我国有着悠久的栽培历史，是优良的庭园树、行道树和四旁绿化树种。

10. 绒毛白蜡

科属 木犀科 白蜡属

别名 津白蜡

形态 落叶乔木。树冠伞形，树皮浅纵裂，小枝有短柔毛或近无毛；叶痕半圆形，叶迹

图 3-18 绒毛白蜡

1 组；小叶 3~7 枚，通常 5 枚，顶生小叶较大（图 3-18）；先花后叶，圆锥花序生于两年生枝上，无花瓣，翅果；花期 4 月，果 10 月成熟。

北京市园林科学院经过多年研究，选育出了叶片绿期较长的'京绿'绒毛白蜡品种，11 月下旬或 12 月上旬开始落叶，较普通绒毛白蜡绿期长 20~30d，一定程度上填补了北京冬季单调的景观。

分布 原产北美，现分布较广，以天津栽培较多。

习性 抗寒，也耐高温；不甚耐干旱，耐水湿和盐碱，在含盐量低于 0.5% 的土壤中均可正常生长，在土壤含盐量高的天津种植较广；抗有害气体和病虫害能力强，可于工厂区绿化种植。

繁殖 播种为主。

园林用途 本种树冠伞形，树体高大，对城市环境适应性强，又耐水湿和盐碱，可作行道树和庭荫树，或在水边栽植，也可在含盐量高的滨河城市栽植应用。

11. 洋白蜡

科属 木犀科 白蜡属

别名 宾州白蜡

形态 树皮纵裂，小枝有毛或无毛；有顶芽，冬芽对生，黑褐色；叶痕半圆形，叶迹 1 组；奇数羽状复叶，小叶 7~9 枚，常 7 枚（图 3-19）；雌雄异株，先花后叶，圆锥花序生于去年生枝侧，无花瓣，有花萼；翅果，果翅较狭，下延至果体中下部或近基部；花期 3~4 月，果 10 月成熟。

图 3-19 洋白蜡

分布 原产美国东部及中部，现我国北方各地广泛栽培应用。

习性 喜光，耐寒；耐水湿，也耐干旱，尤其抗冬春干旱和盐碱能力强；对土壤要求不严，能适应城市环境；生长迅速，发芽迟，落叶早；抗有害气体及烟尘污染能力强。

繁殖 播种。

园林用途 树干通直，枝繁叶茂，叶色深绿而有光泽，秋季叶色变黄，且变色早，宜作行道树和防护林树种，也可作湖岸绿化及工矿区绿化。

12. 毛泡桐

科属 玄参科 泡桐属

别名 紫花泡桐

形态 落叶乔木。小枝粗壮，中空，节间长，皮孔明显，幼时有柔毛，后渐光滑；叶痕近圆形，无顶芽；单叶对生，叶较大，广卵形，叶柄和叶片均有毛（图 3-20）；先花后叶，顶生圆锥花序，花冠漏斗状钟形，淡紫色，内具紫色斑点，蒴果；花期 4 月，果

图 3-20 毛泡桐

8~9 月成熟。

分布 辽宁南部、河北、河南、山东、江西等多地都有栽植，西部海拔 1800m 处有野生。

习性 强阳性，为泡桐属中较耐寒树种；肉质根，不耐低湿和盐碱，耐干旱能力强；生长极为迅速，但材质疏松；抗二氧化硫、氯气和氟化氢等有害气体能力强。

繁殖 播种、埋根。

园林用途 该种冠大荫浓，早春满树繁花，花大而美；且繁殖容易，生长迅速，成才成景快，但由于易患丛枝病，目前作为行道树应用不多，大多作为四旁绿化树和速生用材树。

四、落叶灌木

1. 小檗

科属 小檗科 小檗属

别名 日本小檗

形态 落叶灌木。小枝通常红褐色，有沟槽，刺通常不分叉；叶倒卵形或匙形，先端钝，全缘（图 3-21）；花浅黄色，单生或 1~5 朵成簇生状伞状花序；浆果椭圆形，熟时亮红色；花期 5 月，果 9 月成熟。

栽培变种红叶小檗，又名紫叶小檗，主要形态同原种，唯叶色生长季呈深紫色，为常色叶灌木。

分布 原产日本，我国各地有栽培，尤以紫叶小檗应用较广。

习性 喜光，稍耐阴；耐寒、耐旱性强；不择土壤，耐粗放管理；耐修剪，萌枝力强。其变种红叶小檗不耐阴，以强光下叶色最为艳丽。

图 3-21 小檗

繁殖 播种、扦插。

园林用途 小檗分枝密，适应性强，春季开出黄色小花，秋季叶红果红，其变种红叶小檗三季叶色紫红色，是优良的刺篱灌木，常作基础种植或色带栽植，因其耐干旱瘠薄能力强，也可栽植应用于岩石园。

2. 蜡梅

科属 蜡梅科 蜡梅属

别名 黄梅花、香梅

形态 落叶灌木。小枝近四棱形，冬芽球形；单叶对生，叶半革质，有光泽，表面粗糙如砂纸（图 3-22）。花单生，花被外轮蜡质黄色，具浓香，初冬至早春开放；瘦果种子状，外包坛状果托；先花后叶，花期 2 月，果期 8 月。

分布 产我国中部、湖北及陕西等地。河南许昌鄢陵素有"蜡梅之乡"的称号。

图 3-22 蜡梅

习性 喜光，亦耐阴；抗寒性不强，北京小气候下可露地越冬；较耐干旱和高温，不耐水湿；萌枝力强，耐修剪，且寿命长，北京卧佛寺有千年以上古蜡梅。

繁殖 播种、分蘖，或嫁接繁殖。

园林用途 蜡梅花开冬季，花黄色，花期早，且具浓香，是北京开花最早的灌木，适宜应用于建筑物南侧，或庭院内；也可瓶插观赏。

3. 平枝栒子

科属 蔷薇科 栒子属

别名 铺地蜈蚣

形态 落叶或半常绿匍匐性灌木，高不足 1m。小枝近水平开展呈整齐两列，状如蜈蚣，当年生枝条密被灰色柔毛；单叶互生，叶小，近圆形，先端急尖，秋季变为红色（图 3-23）；花 1~2 朵生于叶腋，粉色，近无梗；花期 5~6 月，果近球形，熟时鲜红色。

分布 原产湖北、四川及西南各省。

习性 喜光，耐寒，耐干旱瘠薄土壤，不耐水湿。

繁殖 播种、扦插。

图 3-23 平枝栒子

园林用途 平枝栒子植株低矮平展，春季粉花满枝，秋季叶红果红，且果量繁丰，可作基础种植或地被材料，也可植于岩石园，是优良的观果、观秋色叶树种。

4. 贴梗海棠

科属 蔷薇科 木瓜属

别名 铁角海棠、贴梗木瓜、皱皮木瓜

形态 落叶灌木。小枝光滑，具枝刺；冬芽红色，聚集呈球形；单叶互生，叶卵形至椭圆形，托叶大，肾形或半圆形（图 3-24）；先花后叶或花叶同放，花簇生于两年生老枝上，朱红、粉红或白色，梨果大，熟时黄色，香味浓；花期 3~4 月，果 9~10 月成熟。

分布 产我国中、东部，及西南部，现国内外栽培较广。

习性 耐干旱瘠薄和炎热环境，有一定的耐寒力，北京可露地越冬；浅根性，不耐低湿和盐碱。

繁殖 分株、扦插，也可播种繁殖。

园林用途 贴梗海棠花开于早春，花量多，花色亮，秋季果大而芳香，枝条具刺，适宜栽作花篱、基础种植，或点缀于公园绿地。

图 3-24 贴梗海棠

5. 月季

科属 蔷薇科 蔷薇属

别名 月月红

形态 常绿或半常绿灌木，枝条具钩状皮刺；奇数羽状复叶，小叶3~5枚，叶表有光泽（图3-25）；花常数朵簇生于枝顶，罕单生，重瓣，深红、粉红至近白色，微香；4月下旬至11月一直花开不断，蔷薇果熟时红色。

月季经各国园艺育种家杂交或芽变选种，目前品种、变种较多，有2万多个，且花朵大小不一，花色丰富，香味有差异，大体分为丰花月季、藤本月季、壮花月季、地被月季、微型月季。

分布 原产我国，现全国各地普遍栽培应用。

习性 喜光，夏季侧方遮阴更有利于开花；不同品种抗寒性有差异，部分品种在北京正常管护水平能露地越冬；适应性强，不择土壤，抗有害气体能力强。一般以春季第一茬花量最大，之后修剪残花，间隔40~50天重现第二茬花，不同品种之间在时间上稍有差异。

繁殖 扦插、嫁接。

园林用途 月季品种繁多，花色丰富，花期长，植株高矮不一，可依据不同类型栽植应用，既可作基础种植，也可立体绿化、棚架绿化或地被应用。

图3-25 月季

图3-26 玫瑰

6. 玫瑰

科属 蔷薇科 蔷薇属

形态 落叶灌木。小枝粗壮，密生刚毛和倒刺；奇数羽状复叶，小叶5~9枚，质厚，叶脉下陷、多皱（图3-26）；花紫红色，单生或数朵聚生，有香味，蔷薇果；花期5~6月，之后至9月零星开放，现在培育出的有三季开花品种。

分布 原产我国北部，现全国各地有栽培应用。

习性 喜光，阴处植株生长势弱，花量少；耐寒、耐旱，但不耐水湿，适宜种植在排水良好处；适应性强，不择土壤，微酸、微碱土壤中均可生长。

繁殖 分株、扦插为主，也可嫁接繁殖。

园林用途 本种花色艳丽，具芳香气味，植株健壮，适宜栽作花篱、花境，或坡地丛植点缀；由于其花蕾可泡茶，花瓣可做香料或提取玫瑰精油，也是园林绿化结合生产的优良材料。

7. 榆叶梅

科属 蔷薇科 李属

形态 落叶灌木。小枝紫褐色，近无毛，冬芽红色，2~3枚并生；单叶互生，叶倒卵状椭圆形，重锯齿，托叶须状；先花后叶，花粉红色，1~2朵生于叶腋，核果近球形，有毛，熟时红色（图3-27）；花期4月，果期7月。因叶片似榆树叶，花如梅花，故得名"榆叶梅"。

栽培变种有弯枝榆叶梅、半重瓣榆叶梅、重瓣榆叶梅、红花重瓣榆叶梅等品种，多以重瓣为主。

分布　原产我国北部，华北、东北广为栽培。

习性　喜光，耐半阴；抗寒性强，耐干旱瘠薄及轻度盐碱，忌积水；对烟尘污染等有害气体抗性较弱。

繁殖　嫁接，原种播种为主。

园林用途　本种早春叶前开花，花量繁丰，适宜孤植或丛植于绿地中，以常绿树、白墙作背景效果更优；秋季叶色变黄，是春季观花，秋季观叶的优良花灌木。

图3-27　榆叶梅

图3-28　碧桃

8. 碧桃

科属　蔷薇科　李属

形态　落叶灌木或小乔。干皮具横纹皮孔，小枝向光处红色、背光处绿色，无毛；冬芽密被灰色柔毛，多并生，两边多为花芽，中间为叶芽；单叶互生，叶椭圆状披针形，叶柄有腺体（图3-28）；花先叶开放，复瓣或重瓣，花色有红色、粉色、白色或双色；花期3~4月，核果，大多不结实。

分布　原产我国，华北、华中、华南均有栽培。

习性　喜光，耐寒，耐旱，不耐水湿，喜肥沃且排水良好土壤，不宜栽植在低洼积水处。

繁殖　嫁接繁殖，砧木北方为山桃，南方用毛桃。

园林用途　碧桃早春花满枝头，花色丰富，盛开时期皆"桃之夭夭，灼灼其华"。园林中可栽植在坡地、庭园、草坪等地，孤植、丛植、群植均可；也可与山桃、白花山碧桃等花期不一致种类搭配种植，延长花期；或栽植在湖边、水畔，与垂柳间隔种植，形成"桃红柳绿"之美景。

9. 紫荆

科属　豆科　紫荆属

别名　满条红

形态　小枝灰色，无毛，'之'字形扭曲；冬芽多簇生，似桑椹果；单叶互生，叶近圆形，叶基心形，先花后叶，花玫瑰红色，4~10朵簇生于老枝上，荚果条形，扁平；花期4月。具有老茎生花的特点，开花时节，从树干基部至枝条顶端花团锦簇（图3-29）。

分布　产黄河流域及其以南各地，北京小气候有栽植。

习性　喜光，光照充足处花簇紧密；不甚耐风寒，迎风处易灼条，北京背风向阳处可正常生长；耐干旱瘠薄，忌水湿；萌蘖性强。

图3-29　紫荆

繁殖 播种为主，也可分株、扦插。

园林用途 早春繁花簇生于全株，紫红色的花朵鲜艳夺目，优良的庭园观赏树种，园林中可丛植于草坪边缘或白色建筑物旁，更衬托花色娇艳，也可与其他花色树种搭配种植。

10. 锦鸡儿

图 3-30 锦鸡儿

科属 豆科 锦鸡儿属

别名 老虎刺 黄雀花 土黄豆

形态 落叶灌木。小枝细长，有角棱，长枝上的托叶及叶轴硬化成针刺；偶数羽状复叶，小叶 4 枚，成远离的 2 对，叶端圆而微凹（图 3-30）；花单性，橙黄色，翼瓣稍长于旗瓣，花梗长约 1cm，中部有关节，荚果；花期 4~5 月。

分布 我国北部、中部，及西南均有分布。

习性 喜光，耐寒，耐干旱瘠薄，能自然生长于岩石缝中，适应性强，不择土壤。

繁殖 播种为主，也可分株、扦插繁殖。

园林用途 本种叶色鲜绿，花朵美丽，抗逆性强，适宜种植在恶劣环境中，可植于岩石园、护坡绿地，或作刺篱。

11. 鸡爪槭

科属 槭树科 槭属

形态 落叶小乔木。树冠伞形，干皮光滑，小枝细长，灰绿色；冬芽对生，有顶芽，对生芽底部叶痕之间有细线相连；单叶对生，叶掌状 5~9 深裂；花杂性同株，伞房花序顶生，紫色，翅果开展呈钝角；花期 4 月，果 10 月成熟。

园艺变种、品种较多，常见有红枫（紫红鸡爪槭），叶常年红色或紫红色，5~7 深裂，枝条也常年紫红色。羽毛枫（细裂鸡爪槭），叶裂深达基部，裂片狭长且又羽状细裂，秋叶深黄至橙红色（图 3-31）。

分布 产我国长江流域、朝鲜和日本等地。

习性 弱阳性，耐半阴，强光照射叶缘日灼严重；喜温暖湿润气候，不甚耐寒，北京小气候栽培方可越冬，迎风口易抽条；不择土壤，适应性强，生长略慢。

繁殖 播种为主，观赏品种嫁接繁殖。

园林用途 该种叶形秀丽，果实独特，秋季叶片变红或古铜色，适宜栽植于庭园角隅、林缘、溪边、池畔、亭廊、山石间点缀；同时其园艺品种较多，多为常色叶或秋色叶树种，优良的观叶树种。

图 3-31 鸡爪槭

12. 酸枣

科属 鼠李科 枣属

别名 棘

形态　枣树变种，常灌木状，也可长成乔木。小枝"之"字形扭曲，具托叶刺，一长一短，长者直伸，短者向后钩曲；单叶互生，叶较小，长 1.5~3.5cm（图 3-32）；花黄绿色，核果小，近球形，味酸；花期 5~6 月，果 9~10 月成熟。

分布　产我国东北、西北至长江流域，多生长于向阳或干燥山坡、山谷、丘陵、平原或路旁。

习性　喜光，耐寒，耐干旱瘠薄土壤，不耐水湿；抗逆性强，极耐粗放管理。

繁殖　播种、分蘖，常作砧木来嫁接枣树。

园林用途　酸枣自然生长良好，极度耐干旱贫瘠土壤，园林中可作刺篱，或于自然粗放群落中作伴生杂木。果可食用，能健脾，种仁即中药"酸枣仁"，有镇静安神之功效。

图 3-32　酸枣

图 3-33　金叶女贞

13. 金叶女贞

科属　木犀科　女贞属

形态　落叶或半常绿灌木，系金边卵叶女贞与金叶欧洲女贞的杂交种。小枝灰色，光滑无毛；单叶对生，椭圆形或卵状椭圆形，全缘，叶片金黄色，尤以新梢或全光下叶色最佳；圆锥花序顶生，花冠白色，芳香，花期 6 月；核果近球形，熟时紫黑色，具 1 粒种子（图 3-33）。

分布　我国于 1984 年由北京市园林科学研究院从德国引入，现广泛栽培在全国各地。

习性　喜光，稍耐阴，但阴处叶色为绿色；耐寒，北京可露地越冬，迎风口当年生枝条会有抽条现象；耐修剪，萌蘖性强；抗二氧化硫和氯气能力强。

繁殖　扦插。

园林用途　金叶女贞叶色金黄，尤以全光照下叶色更为亮丽，且耐修剪，抗性强，园林中常用作绿篱，或作色带，也可修剪成球形。

14. 天目琼花

科属　忍冬科　荚蒾属

别名　鸡树条荚蒾、鸡树条子

形态　落叶灌木。小枝略六棱形，皮孔明显，假二叉分枝；髓心大，白色，叶痕 V 字形，叶迹 3；冬芽红色，为伏芽，对生；单叶对生，叶卵圆形，常 3 裂，叶柄顶端有 2~4 腺体（图 3-34）；聚伞花序复伞形，边缘为白色不孕花，花药通常紫色；核果近球形，熟时红色；花期 5~6 月，果期 9~10 月。

图 3-34　天目琼花

变种天目绣球和黄果天目琼花。天目绣球的花序全为白色不育花组成，如绣球状。黄果天目琼花的叶背有毛；果实黄色，花药也通常黄色。

分布　产亚洲东北部，我国东北、内蒙古、华北至长江流域均有分布。

习性　耐半阴，尤以幼苗需遮阴，强光下易灼伤；耐寒性强，不择土壤；喜相对湿润环境，光照强且干热处容易焦叶，不甚耐干旱。

繁殖　播种、扦插。

园林用途　本种花期正值春夏之交，花朵大，花色洁白，秋季果实变为红色，秋色叶红色；又因其耐半阴环境，可植于建筑物北侧，或群落的中层和林缘，丰富层次结构，是优良的观花、观果、观秋色叶灌木。

五、藤木

1. 扶芳藤

科属　卫矛科　卫矛属

形态　常绿或半常绿藤木。茎匍匐或攀援，具气根，能随处生根；单叶对生，叶薄革质，缘有钝齿（图3-35）；花黄绿色，4瓣，花期6~7月；蒴果近球形，10月成熟，种子有橘红色假种皮。

分布　我国华北以南地区均有分布。

习性　耐阴性强，光下也能生长；不甚耐寒，北京小气候可露地越冬，叶片冬季霜降后变为红褐色，开阔地带后期叶全落；耐干旱瘠薄土壤，攀缘力强。

图3-35　扶芳藤

繁殖　扦插、压条，也可播种。

园林用途　本种借助气根攀缘力强，生长季叶片油绿光亮，秋季变为红褐色，橘红色假种皮也具观赏价值，既可作墙面或枯树等立体绿化材料，也可水平生长作地被应用。

2. 胶东卫矛

科属　卫矛科　卫矛属

别名　胶州卫矛

形态　直立或蔓性常绿灌木。基部枝条匍地并生根，也可借气根攀援；单叶对生，叶薄革质，缘有齿（图3-36）；花黄绿色，花瓣4，蒴果扁球形，粉红色；花期5~6月，果10~11月成熟。

分布　产辽宁南部、山东、江苏、浙江、福建北部、安徽、湖北及陕西南部，常生于山谷林中岩石旁。

习性　喜光，也较耐阴；对气候和环境适应性强，耐干旱瘠薄，不择土壤；耐修剪，对二氧化硫有较强抗性。

繁殖　播种，园林中常以丝棉木作砧木，高接成乔木状应用。

园林用途　胶东卫矛绿叶红果，冬季在北京不落叶，既可作绿篱栽植，也可植于老树旁、岩石边或墙垣攀援生长，或高接后

图3-36　胶东卫矛

作常绿小乔木，增添北京冬季色彩。

3. 金银花

科属 忍冬科 忍冬属

别名 忍冬、金银藤、鸳鸯藤

形态 半常绿缠绕藤本。茎细长中空，红褐色，幼时密被短柔毛；单叶对生，叶卵形或椭圆状卵形，全缘，两面具柔毛（图3-37）；花成对腋生，初开为白色，后变黄色，有香味；花冠二唇形，上唇4裂而直立，下唇反转；浆果球形，熟时黑色；花期5~7月，果期9~10月。

分布 产华北、华中、华东及西南地区。

习性 性强健，喜光，也耐阴；耐干旱，也耐水湿；耐寒性强，根系发达，适应性强，不择土壤；花期长，喜肥沃土壤。

繁殖 扦插、压条、播种。

图3-37 金银花

园林用途 本种春夏开花，且花期持续时间长，初开白色，后变黄色，故得名"金银花"。因其秋末在老叶叶腋间又簇生新叶，且新叶为紫红色，经冬不凋，故名为"忍冬"。金银花花朵为药材，有清热祛火之功效，常栽植在庭院，也可作棚架、墙体、山石、花廊等垂直绿化材料，也可植于山坡、沟边作地被应用。

第四章 园林花卉

第一节 花卉的生长发育与外界环境的关系

花卉生长发育除受遗传特性影响外，是在各种必需的外界环境因素综合作用下完成的。这些因子中任何一种都是不可缺少的，也是不可代替的。在各种因子不断变化情况下，有时还很难区分具体是哪些因子直接还是间接影响了花卉的生长发育。因此，花卉栽培的成功与否，主要取决于花卉对这些环境因子的要求、适应以及环境因子的控制和调节关系，正确了解和掌握花卉生长发育与外界环境有关的相互作用机理，是花卉生产和应用的基本理论及基本课题。

一、温度

温度是影响花卉生长发育最重要的环境因子之一，关系也最为密切，它影响着植物体内一切生理的变化。一切植物的生命活动必须在一定的温度条件下才能进行。

（一）温度对花卉分布的影响

1. 基点温度

每种花卉的生长发育，对温度都有一定的要求，都有基点温度。所谓基点温度，即最低温度、最适温度、最高温度。各种花卉在原产地气候条件的长期影响下，形成各自的感温特性，原产热带的花卉，生长的基点温度较高，一般在18℃开始生长。原产温带的花卉，生长基点温度较低，一般10℃左右开始生长。原产亚热带的花卉，其生长的基点温度介于前二者之间。

一般情况下温度越高呼吸作用越强，但若温度过高反而使呼吸作用减弱，大部分植物进行呼吸作用的最高温度约为35～55℃。大多数植物在20～28℃时光合作用最强烈，35℃以上则下降。根的生长，最适点比地上部分要低3～5℃，因此各种花卉从种子萌发到种子成熟，对于最适温度的要求常随着发育阶段而改变，如一年生花卉的种子发芽要求较高温度，幼苗期要求较低，以后成长到开花结实对温度要求又逐渐增高。二年生花卉种子发芽在较低温度下进行，幼苗期要求温度更低，而开花结实则要求温度稍高。根的生长，最适点比地上部要低3～5℃，因此在春天大多数花卉根的活动要早于地上器官。大多数植物根系生长最适温度约为15～25℃，高温能使根老化，因此在育苗时不要使土温过高。

原产温带的芍药，在北京冬季零下十余摄氏度条件下，地下部分不会枯死，翌春十度左右即能萌动出土。生长最适温度是最适于生长的温度。这里所指的生长最适温度不同于植物生理学中所指的最适温度，即生长速度最快时的温度，而是说在这个温度下，不仅生长快，而且生长很健壮、不徒长。

2. 依耐寒力分类

由于不同气候带，气温相差甚远，花卉的耐寒力也各不相同，通常依耐寒力的大小可将花卉分为3类。

（1）耐寒性花卉

这类花卉原产寒带或温带，抗寒性强，一般能耐0℃以下的温度，如二年生露地花卉及露地宿根花卉多属此类。如三色堇、金鱼草、蜀葵、玉簪等。

（2）半耐寒花卉

这类花卉多原产于温带较暖处，耐寒力介于耐寒性与不耐寒性花卉之间，在北方冬季需防寒才可越过冬季。在北京如金盏花、紫罗兰等，通常秋季露地播种，在早霜到来前移到阳畦中。

（3）不耐寒花卉

一年生花卉及不耐寒的多年生花卉属于此类，多原产于热带及亚热带，在生长期间要求高温，不能忍受0℃以下温度，其中一部分种类甚至不能忍受5℃左右温度。

花卉的耐热能力也各异，有些种类耐热力较差，需适当的保护才能完全越夏，如仙客来、倒挂金钟等。有些耐热力差的花卉则在夏季进入半休眠或休眠状态。

植物生长一般是指细胞增殖、伸展与内含物积累而引起体积、重量及数量的增加。在影响花卉生长的因子中，温度是最重要的。

（二）温度对花卉生长发育的影响

温度不仅影响花卉种类的地理分布，而且还影响各种花卉生长发育的每一过程和时期。同一种花卉的不同发育时期对温度有不同的要求，即从种子发芽到种子成熟，对于温度的要求是不断改变的。一般种子萌发期需要较高的温度，而苗期则要求较低的温度，这种情况在二年生花卉中尤为显著。当营养生长开始后又需温度逐渐升高，但开花结果时大多又不需很高温度。

1. 温周期现象

温度的周期变化对生长发育的影响叫温周期现象，包括年周期和日周期变化两种。温带植物的生长随季节的变化表现为周期现象，春季开始萌芽，夏季旺盛生长，秋季生长缓慢，冬季进入休眠，这是年周期现象。但有些植物周期反应不完全一样，到夏季进入休眠或半休眠状态。昼夜温周期现象是直接影响植物生长的温度条件。昼夜温差现象是普遍存在的，白天适当的高温，有利于光合作用，夜间适当的低温可抑制呼吸作用，降低对光合产物的消耗，有利于营养生长和生殖生长。适当的温差能延长开花时间以及果实着色鲜艳等作用。

2. 地温

除气温的影响外，植物还受地温的影响，一般情况下最适的地温是昼夜气温的平均数。灌溉或盆花浇水时要考虑到水温与地温相近，最低不得低于10℃，温差过大，根部会形成萎蔫，严重时甚至造成死亡。如紫罗兰、金鱼草等，以15℃左右的地温最为适宜。

3. 积温

花卉的生长发育，不但需要一定的热量水平，而且还需要一定的热量积累，这种热量积累以积温来表示。全年凡每日平均温度在 0℃ 以上，相加的总和为积温。感温性较强的花卉，在各个生育阶段所要求的积温是比较稳定的。如月季从现蕾到开花所需积温为 300 ~ 500℃，而杜鹃由现蕾到开花则为 600 ~ 750℃。又如短日照的象牙红从开始生长到形成花芽需要 10℃ 以上的活动积温 1350℃，它在大于 20℃ 气温环境中仅需两个多月就能形成花芽继而开花，而在 15℃ 的环境中需 3 个月才能形成花芽。了解各种花卉原产地的热量条件，它们的生命过程中或某一发育阶段所需积温，对引种推广或促成栽培与抑制栽培工作都有重要意义。

4. 春化作用

某些植物在个体发育过程中要求必须通过一个低温周期，才能继续下一阶段的发育，即引起花芽分化，否则不能开花。这个低温周期就叫春化作用。二年生花卉常需在子叶开展之后经过一段 0 ~ 5℃ 的低温期才可能进行花芽分化。牡丹、芍药的种子如进行春播，则不能解除上胚轴的休眠。丁香、碧桃若无冬季的低温，则春季的花芽不能开放。

在栽培过程中，不同品种间对春化作用的反应程度也有明显差异，有的品种对春化要求性很强，有的品种要求不强，有的则无春化要求。

5. 花芽分化

自顶端分生组织形成花原基开始至花的各部分器官的形成过程为花芽分化。温度对花卉的花芽形成有密切的关系。如碧桃在 7 ~ 8 月进行花芽分化后，必须经过一定的低温条件才能正常开花。山茶花的花芽是在 25℃ 左右形成的，但其生长和开花则是在 10 ~ 15℃ 的温度条件下。

秋植球根类花芽分化的最适温度与花芽伸长的最适温度是不一致的。如郁金香花芽分化的适温为 20℃，花芽伸长的适温为 9℃。风信子的花芽分化最适温度为 25 ~ 26℃，伸长的适温为 13℃。水仙花芽分化适温为 13 ~ 14℃，伸长适温为 9℃。百合、小苍兰、唐菖蒲等，是在叶子伸长后才进行花芽分化，最适温度百合为 7 ~ 8℃，小苍兰为 10℃，唐菖蒲为 10℃ 以上。

花芽分化和发育在植物一生中是关键性的阶段，花芽的多少和质量不但直接影响观赏效果。而且也影响到花卉事业的种子生产。因此，了解和掌握各种花卉的花芽分化时期和规律，确保花芽分化的顺利进行，对花卉栽培和生产具有重要意义。

二、光照

光是花卉必不可少的生存条件之一，是制造有机物质的能源，光合作用一词即因光的参与而得来。它对花卉生长发育的影响主要表现在 3 个方面：即光照强度、光照时间、光的组成。

（一）光照强度对花卉的影响

依地理位置、地势高低及云量、雨量的不同而变化。随纬度的增加而减弱，随海拔的升高而增强。依花卉对光照强度要求的不同分为以下几类。

1. 阳性花卉

此类花卉在完全的光照下才能正常生长，不能忍受遮阴。喜光花卉包括大部分露地栽培的一、二年生草花、宿根花卉、球根花卉、木本花卉及多浆植物等。如鸡冠花、百日草、月季、朱槿等。

2. 阴性花卉

此类花卉多半原产于山背阴坡、山沟溪涧、林下或林缘，只有在遮阴条件下才能正常生长。喜漫射光，不能忍受强烈的直射光线。如蕨类、兰科、苦苣苔科、凤梨科、姜科及秋海棠科等植物。

3. 中性花卉

此类花卉对于光照强度的要求介于以上二者之间，一般喜欢阳光充足，但在微阴下生长也良好，如萱草、耧斗菜、桔梗等。

光照强度对花色也有影响，紫红色的花是由于花青素的存在而形成的，花青素必须在强光下产生，在散光下不易产生。花青素产生的原因除受强光影响外，一般还与光的波长和温度有关。光的强弱对矮牵牛某些品种的花色也有明显的影响，具蓝白复色的矮牵牛花朵，其蓝色部分和白色部分的比例变化不仅受温度的影响，还与光强和光的持续时间有关。

（二）光照长度对花卉的影响

光周期指一天中日出日落的时数，即一日的日照长度，或指一日中明暗交替的时数。光周期对植物从营养生长到花原基的形成，有着决定性的影响。光期长的昼夜为长日照，光期短的昼夜为短日照，日照长短对植物的影响主要表现在生长、休眠、打破休眠、落叶、花芽形成及花期等方面。短日照促进植物的休眠，削弱形成层的活动能力。根据不同植物光周期的特性，可将其分为3类：

1. 长日照植物

这类植物要求较长时间的光照才能成花。一般要求每天有 14～16 小时的日照，可以促进开花，若在昼夜不间断的光照下，能起到更好的促进作用。如瓜叶菊、福禄考。

2. 短日照植物

这类植物要求较短的光照就能成花。在每天日照 8～12 小时的短日照条件下能够促进开花，而较长的光照下便不能开花或延迟开花。如菊花、一品红。

3. 中性植物

这类植物在较长或较短的光照下都能开花，对于光照长度的适应范围较广。如大丽花、非洲菊。

日照长度还能促进某些植物的营养繁殖，如某些落地生根属的种类，其叶缘上的幼小植物体只能在长日照下产生，虎耳草腋芽发育成的匍匐茎，也只有在长日照中才能产生。日照长度对温带植物的冬季休眠有重要意义和影响，短日照经常促进休眠，长日照通常促进营养生长。因此，休眠能够在短日照处理的暗周期中间曝以间歇光照，从而获得长日照效应。

（三）光的组成对花卉的影响

光的组成是指具有不同波长的太阳光谱成分，根据测定，太阳光的波长范围主要在150～4000nm，其中可见光波长在380～760nm之间，占全部太阳辐射的52%，不见光即红外线占43%，紫外线占5%。

不同波长光对植物生长发育的作用不同。红光、橙光有利于植物碳水化合物的合成，加速长日照植物的发育，延迟短日照植物发育。蓝紫光能加速短日照植物发育，延迟长日照植物发育。

植物同化作用吸收最多的是红光和橙光，其次为黄光，而蓝紫光的同化作用效率仅为红光的14%，散射光对半阴性花卉及弱光下生长的花卉效用大于直射光，但直射光所含紫外线比例大于散射光，对防止徒长，使植株矮化的效用较大。

三、水分

水为植物体的重要组成部分，整个生命活动中，都是在水的参与下进行的。植物生活所需要的元素除碳和氧气外，都来自含在水中矿物质被根毛所吸收后供给植物体的生长发育。

（一）依水分要求分类

由于花卉种类不同，需水量有极大差别。在花卉栽培中根据不同花卉的需水量，采取措施为花卉供水。依据花卉对水分需求大致可分为4类。

1. 水生花卉

指只有在水中才能正常生长的一类花卉，如荷花、睡莲、王莲等，这类花卉一般还需要较强的光照。

2. 湿生花卉

指适于生长在水分比较充裕，甚至积有浅水条件下的一类花卉。喜阴的有海芋、翠云草等。喜光的如燕子花、水仙等。

3. 中生花卉

这类花卉对水分的需求介于湿生与旱生花卉之间，能在适量供水条件下正常生长，大多数栽培花卉均属此类。常见的有大花美人蕉、栀子花、大丽花等。

4. 耐旱花卉

这类花卉常有持水和保水的结构，多半原产干旱、沙漠或雨季与旱季有明显区分的地带。常见的有仙人掌、日中花、龙舌兰等。

（二）不同生长阶段对水分的要求

同一植物体在不同的生长发育阶段对水分的需求不同。一般来说是随着不断地生长需水量递减。生长部位如形成层、根尖、茎尖以及幼果中含水量高。这也是为什么植物在幼期含水量高，进入成熟期后含水量逐渐减少的原因。

种子发芽时需要较多的水分，以便透入种皮，有利于胚根的抽出。并供给种胚必要的水分。种子萌发后，在幼苗状态时期因根系弱小，抗旱力极差，须经常保持湿润。生长期的花卉，多数要求湿润的空气，但湿度过大时，易发生徒长。开花结实时，要求空气湿度小，反之会影响开花和花粉自花药中散出，使授粉作用减弱。

水分对花芽分化也有影响，在栽培中，通过控制水分的供给来抑制营养生长，促进花芽分化。球根花卉，凡球根含水量少，则花芽分化早。球根鸢尾、风信子等用 30～35℃的高温处理，使其脱水而达到提早花芽分化和促进花芽伸长的目的。

花色与水分有关，水分充足才能显示花卉品种色彩的特性，花期增长，水分不足则花色深黯。

四、土壤

土壤是植物赖以生存的基础，它能不断地提供花卉生长发育所需要的空气、水分和营养，所以土壤的理化性质与花卉的生长发育密切相关。

（一）土壤性状对花卉的影响

土壤性状主要由土壤矿物质、土壤有机质、土壤温度、水分及土壤微生物、土壤酸碱度等因素决定。

土壤矿物质为土壤组成的基本物质，根据颗粒大小分为砂土类、黏土类及壤土类。壤土类土粒大小居中，通透性好、保水保费力强，对花卉生长有利。

土壤有机质是土壤养分的主要来源，在微生物作用下，分解释放出植物生长所需的多种大量元素和微量元素。

土壤空气、土壤温度和水分直接影响花卉的生长发育，植物体大多数的生长活动都与这些因子密切相关。

土壤酸碱度与花卉的生长发育密切相关。有酸性、中性、碱性 3 种情况，过酸及过碱性土壤都不利于植物生长。各种花卉对土壤酸碱度的适应力有较大差异。依花卉对其要求，可大致分为 4 类。

1. 酸性花卉

这类花卉所适应的土壤 pH 值范围为 4～6。如杜鹃、山茶、蕨类、凤梨及兰科植物等。

2. 弱酸性花卉

这类花卉所适应的土壤 pH 值范围为 5～6。如仙客来、大岩桐、蒲包花、非洲菊、秋海棠等。

3. 中性偏酸花卉

这类花卉所适应的土壤 pH 范围为 6～7。在微酸或中性土壤中才能生长良好。如菊花、金鱼草、月季、一品红等。

4. 中性偏碱花卉

这类花卉所适应的土壤 pH 值范围为 7～8。在中性或偏碱的土壤中才能良好生长。如天竺葵、石竹、仙人掌等。

土壤酸碱度对八仙花的花色有着重要的影响，花色的变化由 pH 值的变化而引起。pH 值低时，花色呈蓝色。pH 值高时则呈粉红色。

（二）不同花卉类型对于土壤的要求

花卉的种类繁多，对土壤要求也各不相同。同一花卉的不同生育期对土壤的要求也不相同。现对不同类型花卉对土壤要求简要说明。

1.露地花卉

一般露地花卉除沙土和重黏土外，其他土质均能生长。一、二年生花卉在排水良好的沙质壤土、壤土上可生长良好。适宜土壤表土深厚、地下水位较高、富含有机质的土壤。宿根花卉根系较强，入土较深，应有 40～50cm 的土层。栽植时应施入大量有机质肥料，幼苗期间喜腐殖质丰富的疏松土壤，而在第二年以后以黏质壤土为宜。

大多球根花卉对于土壤的要求更为严格，一般都以富含腐殖质而排水良好的砂质壤土或壤土为宜，但水仙、风信子、百合及郁金香则以黏质壤土为宜。

2.温室花卉

温室盆栽花卉通常局限于花盆或栽培床中生长。营养物质丰富、物理性质良好的土壤才能满足其生长和发育的要求。

随着无土栽培技术的发展，各种新的轻质栽培基质出现。目前常见的有蛭石、珍珠岩、苔藓、椰糠、木屑等。

第二节　花卉的繁殖

花卉繁殖是繁衍花卉后代、保存种质资源的手段。花卉植物种类繁多，繁殖方法也较为复杂。按性质可分为有性繁殖、无性繁殖、单性繁殖。

一、有性繁殖

有性繁殖也称为种子繁殖。植物在营养生长后期转为生殖期，进行花芽分化和花芽发育而开花，通过花的雌雄性器官，使花粉和胚珠结合，由合子发育成胚，受精的极核发育成胚乳，由胚珠发育成种皮即通过有性过程而形成种子，用种子进行繁殖的过程称为有性繁殖。

有性繁殖的后代，细胞中含有来自双亲各一半的遗传信息，故常有基因的重组，产生不同程度的变异，也有较强的生命力，是新品种培育的常规手段。但某些无融合生殖的种类，如柑橘属、仙人掌属的某些种子繁殖的后代实质上只有母本性状。

（一）花卉种子生产的类型

1.自花传粉花卉

种子经自花传粉、受精形成，不含其他遗传物质，后代为纯合体。天然杂交率低，留种时要注意去杂。如豆科及禾本科部分植物。

2.异花授粉花卉

这是比较普遍的一类花卉，自交时结实率低或表现退化，其个体都是种内、变种内或品种内不同植物杂交后代，是不同程度的杂合体。如瓜叶菊、羽衣甘蓝、菊花及大丽花等。

3. 杂交优势的利用

基因型虽然是杂合的，但表现型都完全一致并具有杂种优势，在活力及某些经济性状上也超过双亲。在杂种一代上采种，后代严重分离。三色堇、矮牵牛、万寿菊、金鱼草均有杂种优势利用。

用雄性不育的母本，可免去人工去雄工作。如万寿菊、矮牵牛、百日草、石竹等均利用雄性不育系来杂交制种。

（二）影响花卉种子发芽的条件

一、二年生花卉多采用播种繁殖，一些宿根及球根花卉在杂交育种工作中，也常采用播种方法进行繁殖。种子通常在适宜的水分、温度、光照和氧气条件下才能萌发。

1. 水分

种子发芽首先需要吸收大量的水分，使种皮软化，氧气和二氧化碳即可透入，胚和胚乳吸水膨胀后使种皮破裂，种子内部发生一系列生理变化而发芽，不同种类的种子需要的水分也不同。常见的是土壤含水量要比植物正常生长时多3倍。水分过多时，土壤通气不良，易引起种子腐烂，而水分不足时，又会使种子发芽迟缓，尤忌在种子萌动后缺水。

2. 温度

种子萌发的温度，依种类及原产地的不同而有差异。二年生花卉及耐寒性宿根花卉的种子宜在较低温度下发芽，其适温为15～20℃。不耐寒种子的发芽需较高的温度，适温为27～32℃，最低温度20℃，甚至有的种子发芽阶段需要变温的过程。

3. 氧气

种子发芽需要充足的氧气，氧气不足会阻碍萌发。对水生花卉来说，只需少量氧气就可满足发芽。

4. 光照

对于多数花卉种子，只要有足够的水分、适宜的温度和一定的氧气，有没有光照都可以发芽。少数种子，在发芽期间必须具备一定的光线才能发芽，也有部分种子在光照下不能发芽，如黑种草、雁来红。

（三）花卉种子的贮藏方法

1. 干燥贮藏法

耐干燥的一、二年生草花种子，在充分干燥后，放进纸袋或纸箱中保存。

2. 干燥密闭法

把上述充分干燥的种子，装入罐或瓶类容器中密封起来，放在阴凉处保存。置于1～5℃的低温条件贮藏。

3. 层积贮藏法

部分种子，较长期的置于干燥条件下容易丧失发芽力，可采用层积法。如牡丹、芍药的种子多进行沙藏层积。

4. 水藏法

某些水生花卉的种子，如睡莲、王莲等必须贮藏在水中才能保持其发芽力。

（四）种子的休眠

具有生活力的种子处于适宜的发芽条件下仍不正常发育称为种子的休眠。种子的休眠与不活动状态是完全不相同的，休眠种子在适宜的发芽条件下，是由于种子自身的原因，或不能很好地利用发芽条件，或受本身生理生化因素的限制而不能发芽。种子休眠的类型有以下两种：

1. 外源休眠

指种子发芽所需的外部环境条件都适宜，但因种子本身的原因而不能很好利用具备的条件多造成的休眠。

外源休眠多与种子的物理特性有关，一般为水与氧气不易透入水分不易透入种子，是由于种皮或果皮坚实不易透水所致。种皮透气性差也是外源休眠的原因，因种皮具有选择性的透性，有时水分能通过而气体不能透入，因而限制了种子的发芽。

解除外源休眠的方法有物理方法及化学方法。物理方法有用研磨剂或粗砂破种皮，或者沸水浸种冷却后播种。根据种子及浸泡时间，水温有所不同。化学方法是用药剂处理使种皮破损或降解，常用的药剂为硫酸。有报道称，用酒精处理莲子，可增加其种皮透性，也有使用纤维素酸、果胶酸等使种皮细胞析离的化学处理方法。

2. 内源休眠

指来自种皮或胚本身的原因造成的休眠，是种子休眠最普遍的原因。某些种子形态成熟时，胚的形态上并未发育完全，生理上尚未成熟，不具发芽能力而呈休眠状态。某些种子胚已发育成熟，由于生理代谢上的抑制作用而不发芽，这种情况是由内源生长抑制物质与内源生长促进物质间的平衡所调节。

解除内源休眠的方法有层积处理法，是目前常用的方法，即温度保持在 $1 \sim 10\,℃$，一层湿砂一层种子堆积，放置 $1 \sim 3$ 个月。还有去皮、光处理、激素处理、化学药品处理、淋洗等方法。

（五）播种

1. 播种期

播种时间应根据各种花卉的生长发育特性，对环境的不同要求，计划供花时间。人工控制条件下，按需要时期播种，自然环境下，依花卉种子发芽所需温度而定。

露地一年生草花采用春播，北方多在 $3 \sim 4$ 月进行。需提早开花的，如"五·一"节花坛用花，可提前于 $2 \sim 3$ 月在温室、温床或冷床中育苗。露地二年生草花可秋播，北方 $7 \sim 8$ 月进行。冬季多数种类需入温床或冷床越冬。宿根花卉及木本花卉中除不耐寒的需春播外，多数春季及秋季均可进行。

温室花卉播种一年四季均可进行。大多数种类在春季 $1 \sim 4$ 月播种，少数种类如瓜叶菊、报春花、仙客来等在 $7 \sim 9$ 月间进行。

2. 露地播种

多数露地花卉均需将种子播于露地苗床，经分苗培养后在定植。播种方法分为条播、撒播、点播。过于细小的种子应掺以干细土后撒播。不耐移植的草本花卉常采用条播。种子较大或少量名贵种子则可采用点播。

露地播种时，应选通风向阳、土壤肥沃、排水良好的圃地作床。北方气候干旱区应作低床。

二、无性繁殖

又称作营养繁殖，利用花卉营养体的一部分来进行繁殖。是以植物细胞的全能性、细胞脱分化并恢复分生能力为基础，使营养器官具有强烈再生能力而实现的。包括扦插、分株、压条、嫁接及组织培养法等。

无性繁殖产生的后代群体称为无性系或营养系，它在花卉生产中有重要的意义。许多栽培品种都是高度杂合体，只有用无性繁殖才能保持品种的特性。如菊花、大丽花、月季花、郁金香等。还有一些重瓣不易获得种子的品种，必须用无性繁殖。

（一）扦插繁殖

利用营养器官的一部分插入基质中，使其生根发芽，逐渐成长为新植株的繁殖方法。依选取部位及材料的不同，可分为茎插、叶插、根插。

1. 茎插

多数观赏植物均可进行茎插。依季节和取材的不同可分为硬枝扦插、软枝扦插、半硬枝扦插和芽叶插。

硬枝扦插是指休眠期选成熟枝条进行扦插的方法。木本花卉进入休眠状态后，选成熟健壮的 1～2 年生枝条中部，带 3～4 个芽，截成 10cm 左右的插穗。剪好后埋藏于土中或窖藏，早春时节插入基质中。多数木本植物适于此法。

软枝扦插是指生长季节取当年生枝梢进行扦插的方法。取枝梢 5～10cm 长作插穗，留部分叶片，插入基质的深度为 1/3～1/2。此法适于草本花卉、温室花卉及露地过冬的木本花卉。

半硬枝扦插是指插条的成熟度介于硬枝与软枝之间。取当年生较成熟的枝条，留 2～3 片叶，其余叶片去掉，插穗长约 10cm，插入基质的深度为插穗的 1/3～1/2，此法使用于大多数木本及常绿植物。

芽叶插是指插穗仅有一叶一芽，一般应带 2cm 长的枝条。插入基质后，将芽尖和叶片露出。此法适用于繁殖材料缺水，或难以产生不定芽的观赏植物，如桂花、印度橡皮树等。

2. 叶插

能从叶上产生不定根或不定芽的种类均可采用此法进行繁殖。凡能进行叶插的花卉，大都具有粗壮的叶柄、叶脉。根据操作方法可分为全叶插和片叶插。

全叶插是以完整的叶片为扦插材料的方法。根据叶处不同的生根习性分为平置法和直插法。将叶柄剪除后，叶片平铺在基质上，并使二者密合，如落地生根、秋海棠等。直插法是将叶柄插入基质，叶片立于外面即可，如豆瓣绿、非洲紫罗兰等。

片叶插是将完整的叶片分成数块后，分别进行扦插的方法。根据不同叶片进行平铺或直插，如大岩桐、虎尾兰。

3. 根插

从根部能产生不定芽的种类，均可进行根插繁殖。根据不同的操作方法又可分为直插和平插。

直插法是将根剪成 3～8cm 长的小段，垂直插入基质中，上端稍露，待成苗后才进行移植。如芍药、补血草。

平插法是将根剪成 3～5cm 长的小段，撒播于浅箱或苗床，覆土 1cm 左右，保持湿润，待产生不定芽后即行移植。如宿根福禄考、毛蕊花等。

（二）嫁接繁殖

将母株的枝或芽接到砧木使之成为新植株的一种繁殖方法。用于嫁接的枝或芽称为接穗，承受接穗的植株称为砧木，用嫁接方法繁殖的苗木称为嫁接苗。

嫁接繁殖在花卉上的应用虽不如果树栽培上的应用广泛与重要，但也有它的特殊意义。一些不易用扦插、压条、分株等无性繁殖的种类，如云南山茶、梅花、桃花、樱花等，常用嫁接生产，草本的还有菊花、仙人掌等。

1. 砧木与接穗

具有亲和力的砧木和接穗，通过二者切削面的紧密相接，在适宜的环境条件下，先形成愈合组织，然后分化而形成共同的形成层，进而产生共同的输导组织，使砧木和接穗形成一个新的个体。

砧木和接穗间的亲和力，是嫁接能否成功的重要因素。亲和力指的是砧木和接穗间在生理生化、形态解剖等方面相近或相同的程度，以及嫁接成活后，生长发育为一个健壮新植株的潜在能力。在植物分类上亲缘关系相近的种间进行嫁接时，其亲和力高。其次，砧木和接穗的生活力，如苗龄及健康状况等。最后，还要根据接穗和砧木所处的环境条件和生长发育时期，选择最适宜的嫁接方法。

2. 嫁接方法

（1）枝接

是用一段完整的枝作接穗嫁接于带有根的砧木茎上的方法。常用的有切接、劈接、靠接、腹接。

切接法应用于春季树芽萌动前，砧木选直径 1～1.5cm 的幼苗，离地 5～10cm 处截断。接穗则选一、二年生充实枝条，直径 0.5～0.6cm，长 5～10cm，含 2～3 个芽。利用快刀将接穗下部切削呈 2～2.5cm 的斜面，反面则稍削一些皮层。选平滑一面的砧木于木质部与韧皮部之间向下直切深约 2.5cm 的切口。然后将接穗的斜切面向内插处砧木切口内，使二者的形成层吻合，最后用塑料薄膜扎紧。

劈接法适于砧木或高接，砧木去顶，然后用割刀于砧木中央垂直切下深约 5cm 的刀口，随即将刀背插入刀口使分开。取 10cm 带有 3～4 芽的接穗，于其基部两面均切削成楔形，然后随即将其插入砧木切口处，并对准形成层用薄膜扎缚保护。对草本花卉中的菊花、仙人掌类也适用。

靠接法即选取接穗与砧木相互靠近、粗细相当的两根枝条，接穗不脱离母株，仍由母株供应养分，把二者的枝干各削去一部分，对准形成层，使其削面密切结合并扎缚紧密。

腹接法即于砧木的一侧斜切一刀，长约2cm，然后将接穗基部削成两个不等长度的切面，将长的一面靠里插入砧木、使形成层吻合扎紧即成。

（2）芽接

选取繁殖的材料，取其枝上的芽作接穗，而砧木一般事先不除去枝干。特点是简便易行，成活率高，节省接穗。选取一、二年生的砧木，于距地面5～10cm处进行芽接。接前先把砧木下部侧枝除掉，接前要充分灌水。北京地区以白露节前后进行最佳，夏秋芽接采用当年生枝条上的芽，春季芽接则采用去年生枝上的芽。选取充实健壮、枝条中段的芽，取芽前应留叶柄剪去叶片。

常用的接法采取"T"字形芽接，先从接穗枝条上削下一个盾形芽片，再在砧木上用刀刻一"T"形切口，然后将接芽插入"T"形刀口中，使芽片上端与切口上端的形成层吻合，用薄膜扎之，注意叶柄及芽需露外面。7～10天后用手触叶柄，若能自然脱落即表示已接活，或观察接芽的颜色，若无变化则表示已接活。经2～3周后即可除去缚扎物。常用此法的有月季、碧桃、海棠等。

（3）平接

又称对口接，常应用于仙人掌类花卉。将根系不发达的品种接至根系发达、生长快的仙人球、虎刺上，促进接穗迅速生长、开花繁茂。其方法即将两者需接之处平削一刀，而后使接穗放置上边，中心对准绑紧。

（4）根接

牡丹嫁接于芍药根上采用此法。秋季芍药分根移根时，选直径2～3cm、长5～10cm的健壮芍药根，阴干2～3天后嫁接。接穗选当年生光滑而节间短的枝条，其上带有1～2个芽。利用切接或劈接法，于9～10月进行。

（三）压条繁殖

将近地面的枝条，在其基部推入或将其下部压入土中。较高的枝条则采用高压法，即以湿润土壤或青苔包围枝条被切伤部分，给予生根的环境条件，待生根后剪开，重新栽植成独立植株。为了促进生根，可于压入土中部分进行割切、环状剥皮或扭枝。高压枝条则可利用竹筒、塑料袋套于枝上，袋内放土、水苔、泥炭等作基质。

压条生根所需时间，依花卉种类而异。草本花卉易生根，花木类生根时间较长，一年生枝条较老枝易生根。

（四）分生繁殖

是植物营养繁殖方法之一。是人为地将植物体分生出来的幼植物体或营养器官的一部分与母株分离或分割，另行栽植而形成独立生活的新植株的繁殖方法。通常分为分株繁殖及分球繁殖。

1. 分株繁殖

分割母体上发生的小植株另行栽植，形成独立的新个体。例如丛生型植株的分株、分割萌蘖、匍匐茎、假鳞茎以及吸芽、叶上芽等。分割时多数都带有一定数量的根系，故分栽极易成活。吸芽、叶上芽虽不带根，但也极易生根。此法多用于丛生型或容易萌发根蘖的花灌木或宿根花卉。分株的时间一般选在秋季或早春，有些在生长季节也可以分株。生长旺盛的花卉种类如景天、紫菀、苔草等，可每年分株1次。生长较慢的种类如宿根福禄考、芍药、鸢尾等，可数年分株1次。

分株的时间一般为春季开花的植物于秋季进行，而秋季开花的则于春季进行，通常要避开炎热的夏季。分生吸芽、走茎分株要在生长期进行。春季分株应该在植株发芽前进行，如玉簪、八宝景天等，一般以3～4月间为好。秋季分株应该在地上部分进行休眠，而地下部分仍然处于活动阶段进行为好。如牡丹、芍药的分株以9～10月为好。

露地花卉分株前个别种类需将母本从基质中挖出，并尽可能多带根系。分蘖力强的花灌木和藤本植物，在母株四周经常萌发出幼小的株丛，分株时不必挖出母株只取分蘖即可。盆栽花卉分株繁殖常见于草本花卉，将分蘖苗于母株分离后另行栽植。

2. 分球繁殖

分球繁殖是指将球茎、鳞茎、块茎类的花卉分生的小球分植。一般在春、秋两季进行。春植球根如唐菖蒲、晚香玉等，秋季挖取晾干，再将新球与子球分开，分别贮藏。秋植秋根如郁金香、风信子等，夏季挖取晾晒，再将大、小球分开，分别贮藏。百合除自然分球外，常剥取母球鳞片进行扦插，带鳞片基部长出一至数个小球，可进行分栽。卷丹等叶腋间，可产生许多小鳞茎，通常称为"株芽"，可在生长期间摘取株芽插于繁殖床经2年培育可部分开花。

块茎类花卉的生长点位于每一地下分枝的顶端，因此每块分割的块茎都必须带有顶芽。对于块根类花卉如大丽花等，其生长点位于靠近地面处的茎基部，分割时必须纵向切割使带有茎基部的生长点。而根茎类花卉则在节上发芽。因此分割后必须保证每一部分都带有节。

（五）组织培养

是从多细胞生物个体上，取其细胞、组织或器官，接种到特制的培养基上，在无菌条件下，利用玻璃容器进行培养，使其形成新个体的技术。

在花卉育种中的应用，有胚培养、试管内受精、花药及花粉培养、原生质融合产生体细胞杂种等。兰花种子播在人工培养基上，在无菌条件下进行发芽，是胚培养的特殊例子。利用试管内受精而培育成功的有百合、罂粟、矮牵牛等。用花药培养成功的诱导花粉起源的单倍体植物已近50种以上，用秋水仙素等使染色体成倍增加，可在短时期内育成纯系品种。用酵素去除细胞壁，单独培养细胞原生质，也可使细胞壁再生，裸露的原生质可与其他原生质融合，融合的原生质还能在形成细胞壁，这种融合细胞进行分裂和增殖后，诱导形成的新植物体就是体细胞杂种。

三、单性繁殖

蕨类植物没有两性生殖器官，繁殖经常用分株法外，还可利用其叶背面生出的孢子进行单性繁殖，又称孢子繁殖。蕨类植物的孢子是经过减数分裂形成的单个细胞，含有单倍数的染色体，只有在一定的湿度、温度及pH值下才能萌发成原叶体。培养过程如下：

（一）收集孢子　蕨类的孢子囊群多着生于叶背。选用已成熟但尚未开裂的囊群。

（二）基质　选用以保湿性强又排水良好的人工配合基质。

（三）播种　将基质放在浅盘内，稍压实，弄平后播入孢子，然后盖上玻璃保温、保湿，并留缝隙以利通气。

（四）管理　温度保持在 18～24℃，相对湿度 90% 以上，光线要阴暗。

（五）移栽　若原叶体过密，在生长期中可移栽 1～2 次。第一次在原叶体已充分发育但未见初生叶时，第二次在初生叶出现后。

第三节　园林花卉的应用

在园林绿地中应用花卉可以创造出五彩缤纷、花团锦簇、香气宜人的景观。在公共场所、机关厂矿用花草布置和装饰，环境气氛活跃，使人们精神振奋。花草进入千家万户，使生活更加充实。花草的应用在满足人们不断提高的精神和文化需要方面有着广阔前景。

在园林中最常应用的花卉种类，以其丰富的色彩，美化园林，常布置成花坛、花镜、花丛、花群及花台等多种方式。一些蔓性草花可用以装饰柱、廊、篱垣及棚架等。

一、花坛

花坛多以具有规则式的几何轮廓线，设置在广场中央、建筑物的前庭、后院、道路两侧或中央、亭廊的基础部分等处，或为单独的花坛，或为多个独立花坛又相互组合，成为有联系而又同一格局的花坛群。

（一）花坛的分类

依花坛的功能地位分类可分为主景花坛、衬景花坛。依花坛的表现形式可分为造型花坛、造景花坛。依花坛布置形式可分为花丛式花坛、模纹式花坛、标题式花坛。依花坛之间关系分为独立花坛、花坛群、带状花坛。

（二）花坛的布局

由于花坛多以规则式的形式进行布局，所以花坛内部的花纹，也是以规则式为宜，或者说纹样应该是绝对对称，或者是均衡的，这样从外观看，仍不失为规则的类型。花坛的外部轮廓可采用圆形、椭圆形、正方形、三角形、多边形等不同形式的轮廓线，内部的纹样线条要求其与外部轮廓协调统一。如圆形花坛的纹理以曲线为好，长方形花坛内的纹理则以直线或斜线为宜。

（三）花坛的材料

用于花坛的植物材料，应选择那些植株较为低矮、株型整齐、株丛紧密挺拔、色彩艳丽、花期又相对集中的种类，如果兼有花期较长的优点就更为理想。因此这类花坛多设在园林中的重要位置，作为主要景点设置，必须经常保持花鲜叶茂，为此需经常更换，避免出现偏枯偏荣的景象。一般多采用一、二年生的草本花卉为主，而不采用宿根花卉。早春开花的金盏菊、三色堇、金鱼草、紫罗兰，晚春开花的石竹、福禄考，夏天开花的百日草、矢车菊、鸡冠花、凤仙等，秋天开花的翠菊、荷兰菊等，都是布置花坛的较好材料。除此之外，还可以利用过冬的盆栽花卉，如瓜叶菊、天竺葵和一些观叶盆栽植物。

利用五色草布置的花坛，纹理细腻，通过修剪技艺，可形成具有凹凸感，如同地毯一般的花纹，称为毛毡花坛。除此之外，利用五色草植株矮小、耐修剪、持续时间长的特点，可以随心所欲地制作各种立体的花坛。

二、花境

花境是园林中一种较为特殊的种植方式，以树丛、树群、绿篱、矮墙或建筑物作背景的带状自然花卉布置，这是根据自然风景中林缘野生花卉自然散布生长的规律，加以艺术提炼而应用于园林。花境的边缘，依环境的不同，可以使自然曲线，也可以采用直线，而各种花卉的配置是自然斑状混交。

科学、艺术的花境营造的是"虽由人作，宛自天开""源于自然，高于自然"的植物景观，在公园、休闲广场、居住小区等绿地配置不同类型的花境，能极大地丰富视觉效果，满足景观多样性的同时也保证了物种多样性。花境一般利用露地宿根花卉、球根花卉及一、二年生花卉，以带状自然式栽种，主要表现的是自然风景中花卉的生长规律。因此，花境不但要表现植物个体生长的自然美，更重要的是还要展现出植物自然组合的群体美。

三、花丛及花群

花丛和花群同属自然式花卉布置的类型。区别仅在于布置面积的大小。利用高矮不一、花期不同、色彩各异的一、二年生花卉、球根花卉或宿根花卉，在园林中的某一局部，如建筑物的墙角、溪流边、山坡下大草坪的局部或边缘，用自然布局的手法，模仿自然，形成一株一丛或多株成群的、观赏花卉的景点，增加园林绿地中自然美的意境，尤其是面积较大，以植物造景功能为主的公园，多采用花丛或花群的形式，能利用种类较为繁多的植物材料，达到酷似自然，野趣横生，使人们得到更为惬意的享受。

适宜于布置花丛和花群的植物材料较多。波斯菊、醉蝶花、月见草、芍药、荷兰菊、耧斗菜、桔梗、蜀葵、美人蕉、大丽花等。种类较多的花卉形成较大的花群时，要注意色彩的搭配和花期的衔接，使最佳观赏期相对延长，是自然式花卉布置不可忽视的内容。

四、花台

有时为了与环境取得协调，或者为了某种特殊功能，需要设置高于地面的花台，或者沿斜坡设置斜坡花坛或梯田式的台阶花坛。其风格必须与环境及建筑的风格协调一致。古典园林中花台的设置较多，如颐和园内栽种的国花台，北海公园桥北红墙的汉白玉花台。在现代园林中某些局部，也出现了花台的形式，但它不同于古代的花台，而是一种新型的、有时是数层相互重叠的多层次花坛。

第五章　设计与识图

第一节　园林识图基础知识

一、园林制图

（一）图纸幅面、标签栏、会签栏

1.图纸幅面

园林制图一般采用国际通用的 A 系列幅面规格的图纸。A0 幅面的图纸称为零号图纸（0#）；A1 幅面的图纸称为壹号图纸（1#）；A2 幅面的图纸称为贰号图纸（2#）；A3 幅面的图纸称为叁号图纸（3#）；A4 幅面的图纸称为肆号图纸（4#）等（表 5-1，图 5-1）。

园林设计图纸的图幅规格　　　　　　　　　　　　　　　表 5-1

代号	图幅					
	A0	A1	A2	A3	A4	A5
B*L（mm）	841*1189	594*841	420*594	297*420	210*297	148*210
c（mm）	10	10	10	5	5	5
a（mm）	25	25	25	25	25	25

注：①B-图纸宽度；②L-图纸长度；③c-非装订边各边缘到相应图框线的距离；④a-装订宽度，横式图纸左侧边缘、竖式图纸上侧边缘到图框线的距离。

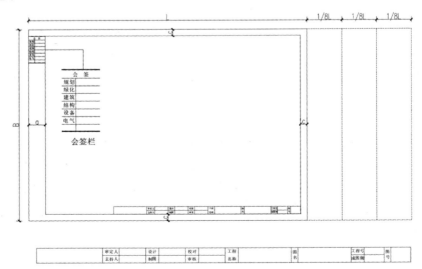

图 5-1　图纸幅面、标题栏与会签栏

2. 标题栏与会签栏

标题栏又称图标，用来简要地说明图纸的内容。标题栏中应包括设计单位名称、工程名称、设计人、审核人、制图人、图名、比例、日期和图纸编号等内容。会签栏内应填写会签人员所代表的专业、姓名和日期。

（二）图纸线型和宽度等级

制图中常用线型共 4 种，分别有实线、虚线、点划线、折断线，各种线型的适用范围（表 5-2）。

实线的宽度（b）可用 0.3 ~ 1.2mm。具体宽度由图纸上图形的复杂程度及其大小而定，复杂图形和较小的图形，实线宽度应该更细。在同一张图纸上，按照同一种比例绘制的图形，宽度必须一致。

虚线的线段及间距应保持长短一致，线段长约 3 ~ 6mm，间距约 0.5 ~ 1.0mm。

点划线每一线段的长度应大致相等，约等于 15 ~ 20mm，间距约 2.0mm。

各种线型及适应范围　　　　　　　　　　　　　　　　　表 5-2

序号	线型名称	宽度	适用范围图示	图示
1	粗实线	≥ b	图框线，立面图外轮廓线，剖面图被剖切部分的轮廓线	
2	标准实线	b	立面图的外轮廓线：平面图中被切到的墙身或柱子的图纸	
3	中实线	b/2	平、立面图上突出部分外轮廓线	
4	细实线	b/4	尺寸线、剖面线、分界线	
5	点划线	b/4	中心线、定位轴线	
6	粗虚线	b	地下管道	
7	虚线	b/2	不可见轮廓线	
8	折断线	b/4	被断开部分的边线	

（三）图纸比例、图例和指北针

1. 图纸比例

图纸比例是实物在图纸上的大小与实际大小的比值。

例如，设计面积 1000m² 的一块绿地，必须把 1000m² 绿地的实际尺寸，经过缩小一定倍数绘制在图纸上。

一般制图时多采用如下所列的缩小比例（n 为整数）：

1：10n　　如 1：10、1：100、1：1000 等；

1：2×10n 如 1：20、1：200、1：2000 等；

1：4×10n 如 1：40、1：400、1：4000 等；

1：5×10n 如 1：50、1：500、1：5000 等。

在任何设计图纸中必须注明比例。同一图幅中不同图形采用不同比例时，应将比例直接注写在有关图形的正下方；如果同一图幅中各个图形都采用同一比例时，则只要求把比例注写在图标比例栏内即可。

2. 比例尺的使用方法

比例尺是用来缩小（或放大）图形的工具。常见的比例尺为三棱柱形，又叫三棱尺。尺上刻有 6 种刻度，分别表示出图纸中常见的比例，即 1∶100、1∶200、1∶250、1∶300、1∶400、1:500。

也有另外一种直尺形的比例尺。它只有 1 行刻度和 3 行数字，表示出 3 种比例，即 1∶100、1∶200、1∶500。

比例尺上的数字是以米为单位，截取或直接读出图纸上某一线段的实际长度，无需再换算。

3. 图例

图例是所设计的各种园林造景元素，在图纸上的平面投影表示法（表 5-3）。

园林绿化规划设计常见图例 表 5-3

名称	图例	说明
规划的建筑物		黑粗实线表示
原有的建筑物		黑细实线表示
规划扩建的预留地或建筑物		黑中虚线表示
拆验的建筑物		用细实线表示
地下建筑物		黑粗虚线表示
坡屋顶建筑		
草顶建筑成简易建筑		
温室建筑		
喷泉		
雕塑		
花台		
座凳		
花架		
围墙		
栏杆		
灯		
饮水台		
指示牌		

4.指北针

指北针是设计图上用来表示实际位置的方向标志。在绿化施工中，也是栽植树木花草和确定栽植朝向、位置以及施工和定点放线的主要依据（图5-2）。

图5-2　指北针的画法

在常见图纸上，指北针的箭头所指方向一定朝北。并在箭头上方标注中文的"北"字，或是用英文N字母来表示。

园林图纸上，一般多习惯将图纸上方指向北，但也会因图纸类型或地块特殊指向图纸的左边或右边方向，甚至指向下方。

二、园林设计图的常见类型

园林设计图是施工的重要依据，是进行现场施工的可靠保障，是准确表达设计意图的"语言"。园林设计图的常见类型主要有六大类型。

（一）地形图

反映实际地貌、地物的图，叫作地形图。一般比例多为1：500、1：1000和1：5000。

（二）平面图

平面图是把地面物体沿铅垂线方向投影到平面上，按规定的符号和比例缩小而构成的图形。

在园林绿化设计中，通常用平面图来表示物体的尺寸大小、外观形状和物体之间的距离以及地面建筑物的平面轮廓线；建筑体量的大小；挖湖堆山的位置；道路、广场、园桥、花坛、大门的位置和外轮廓，树木花草的栽植位置和树冠的投影、栽植的区域等。

（三）立面图和断面图

立面图是在物体的正前方平视物体，通过看到物体的表面情况所作出的图。

通常立面图可以帮助我们进行分析，包括物体的高低、宽窄尺度之间、形态对比之间的关系等。例如可以传达树与树之间、树与建筑之间的高低搭配、质感对比等幅面信息。

断面图是从某个特定位置，纵向或横向剖开物体表面，反映物体内部结构的图。

（四）施工图

施工图在园林施工当中，用于指导工程施工，详细设计的一整套技术图纸。园林工程基本图纸包括总平面图、总平面放线图、竖向设计图和种植设计图等。

（五）效果图

一般效果图分为透视图和鸟瞰图两种类型。

透视图如同人们身处园林景区，正视前方景点时，将视线所及的真实景物按照一定比例和透视关系，缩小绘制成一幅自然风景图画，这样所绘制的低视角的实际地形、地貌和景观的图叫透视图，也叫立面效果图。

若站在视点较高的地方，看上去如同飞鸟在高空中俯瞰的效果，称为鸟瞰图。

在选择园林设计方案初期，为准确表达设计师的设计意图，可采用效果图，起到直观易懂的效果。

（六）竣工图

在完成施工任务以后，为了反映原设计图纸与实际绿化施工后的差异，用于竣工存档的图，叫作竣工图。竣工图必须及时由施工方绘制后交付甲方，并进行保存。

三、园林造景素材的表示法

园林规划设计表现在图纸上，反映的是园林绿地中的地形、道路、建筑、植物的外形轮廓和位置、数量以及大小。

（一）园林植物平面表示法

在园林设计平面图纸上，常常有许多大大小小的"圆圈"，圆圈中心还有大小不同的黑点。黑点是用来表示树种的位置和树干的粗细。黑点画得越大，就表明这棵树树干越粗，反之越细。

圆圈是用来表示树木冠幅的形状和大小的。

在植物的平面表示符号中就大致区分出了乔木、灌木、草地和花卉，在乔灌木中又区分出了针叶树和阔叶树，以及现状树木和新植树木的不同。对于一些重点树木，尤其是点景和造景树种，可以用不同的树冠曲线来强调和修饰。例如，松柏类树种可以用成簇的针叶来表示树冠平面，杨树可以用三角形叶片来表示；柳树用线、点结合的方式来表示。

1. 树木平面的表示方法

由于我国幅员辽阔，城市地域的园林设计，多种多样，目前没有完整统一和规范的园林图例（表5-4）。

一般在绿化方案图中，利用一定变化的林冠线，来表示不同的园林树木，且平面表达的符号要求清楚美观，注意效果。

在绿化种植施工图中，平面表达符号要求简单清楚，只要能区分出乔木和灌木、针叶树和阔叶树即可。

2. 花灌木的平面画法

花灌木的平面画法与乔木表示法相同，由于花灌木成片种植较多，常用花灌木冠幅外缘

植物的平面表示法　　　　　　　表 5-4

植物名称	植物图例			
落叶乔木				
常绿乔木				
落叶灌木				
常绿灌木				
常绿密林				
落叶密林				
常绿疏林				
落叶疏林				
竹林				
藤本植物				
常绿绿篱				
落叶绿篱				
一般草坪				
缀花草坪				
水生植物				

连线表示。

3. 绿篱的平面画法

绿篱一般分为针叶绿篱和阔叶绿篱两种类型。针叶绿篱多用斜线或弧线交叉表示；阔叶绿篱则只画绿篱外轮廓线，或加上种植位置的黑点来表示。

4. 草坪和地被植物平面表示法

草坪和地被植物可用小圆点、线点和小圆圈来表示。

5.露地花卉平面表示法

露地花卉可用连续的曲线来画出花纹，或利用所要种植的花卉图案，直接在种植设计平面图进行表示。

（二）园林植物的立面表示法

园林植物的立面表示法是一种比较直观的表现手法，多用于立面图、剖面图、断面图和效果图中。

为了预见施工建成后的绿化效果和景观特色，在设计图尚未付诸实施之前，可通过立面把设计师的设计意图和构想直观地表达出来。

由于各种树木的树形、树干、叶形和质感各有特点，因此需要不同的线条来表现不同种类和质感的树木。例如，油松、白皮松、云杉、桧柏等许多常绿针叶树，幼年时树形多为圆锥形或广圆锥形。因此，首先应确定垂直中轴线的位置，然后相应地画出圆锥体外轮廓线，再在外轮廓线上用针状叶表示出树形（表5-5）。

园林植物的立面表示法 表5-5

植物名称	植物图例				
落叶乔木					
常绿乔木					
落叶灌木					
常绿灌木					

圆锥形的常绿针叶树，一般省略细部，只强调外形轮廓，最多只在细部位置上画一些装饰性线条。

乔木树种常呈散冠状，因此可以依树种的不同，将树形的基本姿态表现在里面。即只强调外形轮廓，省略细部。

花灌木一般体型较小，在立面图中，常在其外轮廓线内，利用点、圆、三角形和线条等，来描绘花灌木的花、枝、叶。

园林小品和设施的平、立面表示法见表5-6。园林绿地中的其他园林造景素材，称为园林小品和设施。例如，园亭、楼阁、水榭、游廊、驳岸、广场、花坛、园桥、景墙、园灯、栏杆、宣传牌、洗手间等。

园林小品和设施平面表示法　　　　　　　　　　　表 5-6

名称	图例	说明
自然山石假山		
人工塑石假山		
土石假山		包括"土包石"、"石包土"及土假山
独立景石		
自然型水体		
规则型水体		
叠水瀑布		
旱涧		
溪涧		
护坡		
雨水井		
消火栓井		
喷燃点		
台阶		箭头指向表示向上
汀步		

园林小品和设施作为园林设计中的重要造景素材，起着美化、装饰和实用的作用。一般体型小、数量多、分布广、形式多样，对园林绿地的景观影响不可忽视。

四、常见市政管线的图面表示法

市政管线的位置直接关系到园林绿化设计的方式和实施步骤，限制了某些园林植物的栽植范围和深度。因此，尽量在不影响园林景观的整体效果的前提下，安全避让市政管线，避免与市政管线出现施工交差（表 5-7）。

常见市政管线的图面表示法　　　　　　　　　　　表 5-7

管线名称	管线图例	管线名称	管线图例
污水 WS		燃气 RQ	
雨水 YS		路灯	
给水 JS		热力 RL	
通信 TX		高压杆线	
电力 DL			

第二节　园林规划设计的基本原理和方法

一、园林规划设计的定义

园林规划设计是园林绿地建设施工的前提和指导，是施工和定点放线最可靠和准确的依据。

园林绿地设计是运用植物、水体、建筑、山石、地形等园林物质要素，以一定的自然条件、经济条件和艺术规律为指导，进行绿地设计的科学方法和手段。

园林规划设计必须首先考虑规划设计的意图和构思，设计的内容和形式，要求做到因地制宜、因时制宜，充分体现出不同绿地的不同特点。

在细部设计上，要考虑到科学的植物配置，合理的地形园路设置，尽可能降低工程造价和投资，要充分研究园林建筑形式、数量和设置布局的合理性以及远近期观效果的协调等问题。

园林规划设计师在进行各类园林绿地设计时，必须协调好上述诸多因素之间的关系。园林施工人员在了解园林规划设计意图以及设计师设计交底后，才能进行园林施工。

二、园林规划设计的形式

（一）规则式园林

1. 规则式园林定义

规则式园林又称为整形式、建筑式或图案式园林，是以建筑和建筑式空间布局作为园林风景表现的主要题材。例如，北京的天坛公园、天安门广场绿地、南京的中山陵、大连的斯大林广场、杭州的岳庙等，都属于规则式园林。

2. 规则式园林的基本特征

（1）地形、地貌平整，或呈阶梯状平面，地形纵剖面均由直线组成。

（2）水体外形轮廓为几何形，驳岸整齐。水景类型以整形式水池、壁泉、喷泉、运河等为主，其中常以喷泉作为水景主体。

（3）建筑与建筑群的布局均采用中轴对称均衡的方法，并以主要建筑群和次要建筑群形式的主轴和副轴来控制全园。

（4）道路广场：道路多由直线、折线或几何曲线组成。广场的外形轮廓为几何形或规则式，并以对称或规整式的建筑群、林带、树墙等来围成封闭的草坪和广场空间。

（5）花卉布置多为图案式毛毡花坛、花境为主，或组成大规模的花坛群。有时树木也进行整形式修剪。树木种植成行列对称式，以绿篱、绿墙来划分空间。

（二）自然式园林

1. 自然式园林定义

自然式园林又称风景式、不规则式、山水派园林等。这一类园林，以自然山水作为园林风景表现的主要题材。例如，古代园林如颐和园、避暑山庄、苏州拙政园等，现代园林如北京的陶然亭公园、紫竹院公园、广州的草暖公园、天津的水上公园、上海的长风公园等，都属于自然式园林的范畴。

2. 自然式园林的基本特征

（1）地形断面起伏，成缓和曲线利用自然地貌，或自然地形与人工的山丘水面相结合。

（2）水体是多以溪流、池塘、瀑布、跌水、湖泊等作为园林水景主题。驳岸线自然，多采用自然山石堆砌或做成缓坡状。

（3）建筑群和个体外形均不要求对称，全园不用建筑对称轴线来控制。

（4）道路广场采用自然形状，多以不对称的建筑群、山石、自然式的树丛、林带等来组织空间。道路采用自然式的平、竖曲线。

（5）花卉栽植多用花丛、自然式花带等，一般不用绿篱和毛毡花坛。

（6）树木以孤植、丛植、群植、林植为主，不讲求行列对称，为了充分展现园林植物的自然美，种植多采用自然式栽植形式。

（三）混合式园林

混合式园林是规则式园林与自然式园林相结合的园林形式。

在园林绿地中，绝对规则式或自然式的园林布局一般并不多见，常常是两种形式的结合。或是看全园整体布局上是以规则式占主体，还是以自然式占主体。

混合式园林，例如北京的中山公园、广州的烈士起义陵园、西安的兴庆公园等。

第三节　园林规划设计的主要类型

城市园林规划设计一般包括有公共绿地绿化设计、城市道路绿化设计、居住区绿化设计、单位附属绿地绿化设计以及宾馆庭院、公共建筑、各类公园、风景区的园林规划设计等主要类型。在这一章节里，我们主要讲公共绿地绿化设计、城市道路绿化设计、居住区绿化设计、单位附属绿地绿化设计、防护绿地绿化设计等五大类型。

一、公共绿地绿化设计

（一）公共绿地绿化定义

由市政投资经过艺术布局而建成的具有一定园林设施，对市民公开开放，供市民游览、观赏、休憩及开展文体活动，以美化城市、改善生态环境为主要功能的园林绿化。

（二）公共绿地的设计类型

公共绿地的设计类型有：市级、区级公园，儿童公园，植物园，动物园，体育公园，街心公园，纪念性园林等。

（三）公共绿地的设计原则

1. 必须以创造优美的绿色自然环境为主，强调植物造景。

2. 要求体现实用性、艺术性、科学性、经济性。

3. 体现地方园林特色和风格，不同绿地有不同景观。

4. 总体设计要注重利用现状自然条件，与周围环境相融合，使园景与街景融为一体。要避免景观的简单堆砌和重复。

5. 依据城市园林绿地系统规划的要求，设计要满足不同层次和年龄段游人的活动内容需要。包括儿童活动区、老人活动区、文化交流区、安静休息区等。

二、城市道路绿化

城市道路绿化是城市园林绿地系统的主要组成部分，道路绿化是以"线"的形式，广泛分布于城市各个角落的城市绿化形式。联系着城市绿地中分散的"点"和"面"，组成完整的城市绿地系统。

（一）城市道路绿地定义

城市道路绿地主要是指城市街道绿地、花园林荫道、滨河道，以及穿过市区的公路、铁路、高速干道、立交桥等交通设施的防护绿地。

例如，北京城市环路中的三环路和四环路沿线的三元桥、四元桥绿地，都是绿化较好、形式多样的城市道路绿地。

（二）城市道路绿化的作用

城市道路绿化的作用主要有 6 个方面：美化市容、卫生防护、缓解热导效应、减噪、组织交通、防灾避险。

（三）城市道路绿化的设计类型

城市道路绿化的设计包括：行道树绿化、道路林荫带、交叉路口中心岛绿化、立交桥绿化、高速干道绿化、滨河路绿地。

三、居住区绿化设计

居住区绿地指在居住区范围内，以改善环境、美化环境，为居民提供户外活动而布置树木花草的用地。居住区绿化最接近居民，与每个人的日常生活关系密切，是使用率最高的绿地类型之一。

（一）居住区绿地的作用

居住区绿地在城市绿地系统中所占面积较大。在改善居住区小气候、美化环境、陶冶情操、防灾避难等方面有重要作用。

（二）居住区绿地的设计类型

居住区绿地分为：集中绿地（组团绿地）、宅旁绿地（楼间绿地）、居住区道路和停车场绿地、公共建筑及配套设施绿地。

四、单位附属绿地绿化设计

（一）定义

指供某一单位使用的，或供科研、文化教育、卫生防护及发展生产的绿地。

（二）单位附属绿地的设计类型

单位附属绿地设计主要包括机关、厂矿、学校、医院等具有专属性质，为特殊人群服务的绿地设计。

第四节　园林施工中的识图与定点放线

一、园林施工中的图纸使用要求

园林施工，不仅把园林设计图中的设计内容，较准确地付诸实现的重要手段和步骤。而且是建成园林绿地的关键环节。

（一）现状图为依据，勘察核对现状。

为了掌握第一手资料，以防止或减少施工中意想不到的问题发生。其具体内容包括：地形情况、土质特点、地上（地下）构筑物的平面位置及竖向高程、可作施工定点放线依据的标志物情况、要保留的地上物具体情况等。

（二）结合图纸，定点放线。

以现状中永久或半久性参照物，如道路中心线、广场中心点、道牙、建筑基线、杆线、原有树木等作为定点网线的标志物。依照设计图纸中标志物之间的距离关系，来进行放线施工。

（三）忠于园林设计图。

在施工中遇到现状与图纸设计不符时，施工一方不可擅改动，施工人员必须与设计人员经过协商后现场改动。

二、定点放线的方法

（一）定点放线的前期准备

1. 必须认真看图、现场对图，找好定点放线的可靠标志物。

在现场看图时，若遇到设计图中未直观表达的一些地上、地下设施或要求，可由设计人员到施工现场向施工人员口头交底，做好施工的现场配合，使施工完全符合设计要求。

2. 在条件允许的情况下，可用仪器来定点放线（经纬仪、小平板仪等）。由此，不仅可以省略设计图纸中多余冗杂的尺寸标注，更能保证定点放线的准确无误。

3. 在自然式种植设计图的定点放线中，对自然式种植的大树和主要树木准确定点，而对其他一般种植的树木，则根据地上物（建筑、道路、杆线、大树等）与自然点间的大致距离来确定种植位置。无需严格的定点放线。

4. 道路、建筑、花坛、广场等设施的定点放线要求位置比较精确。尤其是建筑基线，必须用测量仪器（经纬仪、平板仪等）来确定。建筑基线的确定，可作为以后植树定点放线的可靠依据。

5. 自然式园林绿地的定点放线一般采用方格网系或设定若干条导线，再根据预定位置与导线的距离来确定。有时风景透视线就可以用来作导线。此外可以选定好若干个主要景点或主景树的位置，再定其四周植物的种植点。

6.定点放线时要准备好白灰和木桩。短期内即可施工的，可以用白灰标注，长期的可打木桩定点，同时要注意保护放线现场。

（二）定点放线的方法

定点放线的方法，由于栽植精确度要求不同，所采用的方法也不同。常用的放线方法有以下几种。

1.绳尺徒手定点放线法

在种植设计和施工当中，如种植精确度要求不高或种植面积较小，多采用绳尺徒手定点放线法。特点是省时、省力，但精确度不高。其放线步骤为：

（1）先选取图纸上或现场上保留下来的永久性构筑物或植物作为依据（标志物），在纸和实地上量出它们之间的距离。

（2）准确放置设计图纸中各种园林设施及建筑的基线。

（3）确定建筑基线后，进行种植点的放线。放线者要明确图纸上每种植物的数量和高度，以及种植点应挖的直径和深度。

（4）以附近的地上标志物建筑基线为准，确定单株树种的定点，按照两条垂直线相交定一点的原理，用绳尺徒步量出该树种距建筑基线的垂直距离，确定种植点的位置。

（5）片状灌木或丛林，若树种配置单调，可以按大致距离定位。可以先放出林缘线，再利用皮尺或测绳，以地面上标志物为依据，按图纸比例，量出距离，定出单株或树丛的位置。并且在每个已确定的种植点上用白灰线或木桩标明栽植的树种名称（或用代号）及挖坑的大小，为今后施工提供便利。

（6）自然式丛状栽植，应防止排队式整齐栽植，每放完一段种植带时，要进行现场检查，例如放线是否准确，是否合理，植物距离道路或建筑是否太近，植物的行距是否准确合理等。如有设计问题，则应做到现场调整。

2.方格网放线法

面积较大的项目场地可采用方格网放线法，一般用1~50m为边长的方格网在图纸上划分。绘制方格网时。一般以建筑物、道路交叉点等明显便利的点为原点，以横纵测量坐标轴为轴线，画格成网。采用经纬仪器来放桩，以求准确的把图纸上的方格网按比例测设到场地中，再在每个方格内按照图纸上的相应位置，进行绳尺法定点放线（图5-3）。

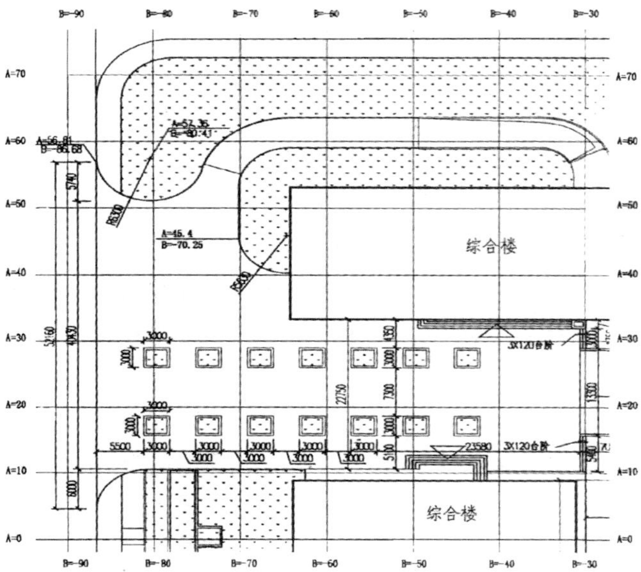

图5-3　方格网示意图

3. 标杆放线法

在测定比较规则的栽植点时，如带状、成排、成行、成块的规则式乔木、灌木的定点放线，可以采用标杆和皮尺（测绳）来进行测设。

步骤如下：（1）以两人两个标杆为准，一人立于端点指挥方向，并手持皮尺的一端。（2）另一人持活动标杆，在中间移动，并手持皮尺的另一端，当标杆照准后，便可将皮尺落地，按设计的距离打点。（3）活动标杆远离端杆时，可把活动标杆变成端杆，并将原来端杆取下，作为新的活动标杆，继续不断地向前测点。

第六章　园林绿化施工

第一节　土球树木移植

带土球移植苗木，移植时随带原生长处部分土壤，用蒲包、草绳或具有穿透性的无纺布等可降解材料进行包装，称"带土球移植"。由于在土球范围内根部不受损伤，并保留一部分已适应原生长特性的土壤，同时减少了移植过程中水分的损失，对恢复生长有利。因此，也相应提高了苗木的成活率。随着绿化的不断发展，树木需求量增多，大部分苗木移植采用此种方法。

一、带土球苗的挖掘

（一）土球规格

带土球苗木掘苗的土球直径为苗木胸径的8~10倍，土球高度应为土球直径的2/3。

（二）掘苗前的准备工作

（1）号苗。苗木质量的好与坏，是植树成活的重要因素。为保证树木成活，提高绿化效果，优先使用乡土树种及圃苗，并对所种植的苗木进行严格的选择。选苗时，除了根据设计提出对规格和树形的特殊要求外，还要注意选择树干通直、生长健壮、枝叶繁茂、冠形完整、色泽正常、无病虫害、无机械损伤、根系发达的苗木。从外地运进的苗木要做好检疫工作并开具植物检疫证书。苗木选好后，可以涂色、拴绳、挂牌等方式做出明显标志，以免掘错，并多号几棵备用。

（2）若苗木生长处的土壤过于干燥应提前数天灌水，反之土质过湿则应提前开沟排水，以利操作。

（3）捆拢。对于侧枝低矮的常绿树（如雪松、油松、桧柏等），为方便操作，应先用草绳捆拢起来，但应注意松紧适度，不要损伤枝条。捆拢侧枝也可与号苗结合进行。

（4）准备好锋利的掘苗工具，如铁锹、镐等；准备好合适的蒲包、草绳、编织布等包装材料。

（三）掘苗、打包质量要求

（1）土球规格要符合规定大小，保证土球完好，外表平整光滑，形似苹果，俗称"苹果"坨。包装要求严密，草绳紧实不松脱。土球底部要封严，不能漏土。

（2）开始挖掘时，以树干为中心画一个圆圈，标明土球直径的尺寸，一般应较规定稍大一些，作为掘苗的根据。

（3）去表土（挖宝盖）。画好圆圈后，先将圈内表土（也称宝盖土）挖去一层，深度以不伤地表的苗根为度。

（4）挖去表土后，沿所画圆圈外缘向下垂直挖沟，沟宽以便于操作为宜。挖的沟要上下宽度一致，随挖随修整土球表面，操作时千万不可踩、撞土球，一直挖掘到规定的土球高度（表6-1）。

留底规格（单位：cm）　　　　　　　　　表6-1

土球直径	50~70	80~100	100~140
留底规格	20	30	40

（5）掏底。土球四周修整完好以后，再慢慢向内掏挖，称"掏底"。直径小于50cm的土球可以直接掏空，将土球抱到坑外"打包"，而大于50cm的土球，则应将土球中心保留一部分，支撑土球以便在坑内"打包"。

（6）打包。土球挖掘完毕以后，用蒲包等物包严，外面用草绳捆扎牢固，称为"打包"。打包之前应用水将蒲包、草绳浸泡潮湿，以增强它们的强力。另外，为防止水分流失，土球包装好后外层也可包裹保湿膜或塑料袋。

土球直径在50cm以下的可出坑（在坑外）打包。方法是先将一个大小合适的蒲包浸湿摆在坑边，双手捧出土球，轻轻放入蒲包正中，然后用湿草绳将包捆紧，捆草绳时应以树干为起点纵向捆绕。

土质松散，以及规格较大的土球，应在坑内打包。方法是先将2个规格合适的湿蒲包对角剪开直至蒲包底部中心，用其中之一兜底，另一个盖顶，2个蒲包接合处捆几道草绳，使蒲包固定，随后，按规定捆纵向草绳。

纵向草绳捆扎方法是先用浸湿的草绳在树干基部紧紧缠绕几圈固定后，然后沿土球垂直方向稍成斜角（约30°）捆草绳，随捆随用事先准备好的木锤或石头轻砸草绳，使草绳捆得更加牢固，每道草绳间隔8cm左右，直至把整个土球捆完。土球直径小于40cm用一道草绳捆一遍，称"单股单轴"。土球较大者用一道草绳沿同一方向捆二遍称"单股双轴"。土球很大，直径超过1m者，需用二道草绳称为"双股双轴"。纵向草绳捆完后在树干基部收尾捆牢。

直径超过50cm的土球，纵向草绳收尾后，为保护土球，还要在土球中腰横向捆草绳称"系腰绳"。方法是，另用一根草绳在土球中腰排紧，横绕几遍，然后将横向草绳和纵向草绳穿连起来捆紧。腰绳道数如表6-2规定。

腰绳道数（单位：cm）　　　　　　　　　表6-2

土球直径（cm）	50	60~100	100~120	120~140
腰绳道数	3	5	8	10

凡在坑内打包的土球，在捆好腰绳后，轻轻将苗木推倒，用蒲包、草绳将土球底包严、捆好称"封底"。方法是先在坑的一边（树倒的方向）挖一条放倒树身的小纵向沟，沿沟放

倒树身，然后用蒲包将土球底部露土之处堵严，再用草绳沿对称的纵向捆连牢固即可。

土质过于松散，不能保证土球成形时，可以边掘土边用草绳围捆称打"内腰绳"，然后再在内腰绳之外打包。土球封底后应立即出坑待运，并随时将掘苗坑填平。

二、带土球苗的运输与假植

苗木的运输与假植的质量也是影响植树成活的重要环节，实践证明"随掘、随运、随栽、随灌水"，对植树成活率最有保障，可以减少土球在空气中暴露的时间，对树木成活大有益处。

（一）装车前的检验

运苗装车前须仔细核对苗木的品种、规格、数量、质量等，凡不符合要求的，应要求苗圃方面予以更换。待运苗的质量最低要求是：常绿树主干不得弯曲，主干上无蛀干害虫，主轴明显的树种必须有领导干。树冠匀称茂密，有新生枝条，不烧膛。土球结实，草绳不松脱。

（二）带土球苗的装车

（1）为防止运苗过程中枝干损伤，可在运苗车厢内垫上草袋。土球向车辆行驶方向，树冠向后码放，并用草绳将树冠捆拢。

（2）高度1.5m以下的苗木可以立装，土球直径大于60cm的苗木只装一层，小土球可以码放2~3层，土球之间必须排码紧密以防摇摆。为防止土球滚动，在土球两旁可垫板或砖块。

（3）土球上不准站人和放置重物。

（4）装车后，用苫布遮盖，不裸露，防风吹。

（三）运输途中

押运人员要和司机配合好，经常检查苫布是否漏风，短途运苗中途不要休息。长途行车必要时应往蒲包上洒点水，使蒲包保持潮湿。休息时应选择荫凉之处停车，防止风吹日晒。

（四）卸车

卸车时要爱护树木轻吊轻放，以免苗木受损或散坨，不得提拉树干，而应轻轻放下。较大的土球卸车时，可用一块结实的长木板从车厢上斜放至地上，将土球推到木板上顺势慢慢滑下，但绝不可滚动土球。吊车卸苗时，吊臂下被吊起的苗木在高空作业路线下方不得逗留任何人员，防止出现危险。

（五）假植

苗木运到施工现场如不能在1~2天之内及时栽完，应选择不影响施工的地方，将苗木码放整齐，四周培土，树冠之间用草绳围拢。

假植时间较长者，土球间隔也应填土。假植期间根据需要应经常给苗木土球、叶面喷水。

三、带土球苗的栽植

（一）散苗

将树苗按设计图纸要求和穴边木桩位置，散放于定植坑边。

（1）爱护苗木轻拿轻放，不得损伤土球。

（2）散苗速度与栽苗速度相适应，散毕栽完。

（3）行道树、绿篱散苗时应事先量好高度，保证邻近苗木规格大体一致。

（4）常绿树树形最好的一面应朝向主要的观赏面。

（5）对有特殊要求的苗木应按规定对号入座，不要搞错。

（6）散苗后要及时用设计图纸详细核对，发现错误立即纠正，以保证植树位置正确。

（二）栽苗

散苗后放入坑内填土、踩实的过程称"栽苗"。

1. 栽苗的操作方法：需先量好坑的深度，看与土球高度是否一致，如有差别应及时挖深或填土，绝不可盲目入坑，造成来回搬动土球。

土球入坑后，应先在土球底部四周垫少量土，将土球固定，注意将树干立直，然后将包装剪开尽量取出（易腐烂之包装物可不必取出），随即填好土至坑的一半，然后用木棍夯实，再继续填满坑夯实，注意夯实不要砸碎土球，随后开堰。

2. 栽苗的注意事项和要求：平面位置和高度必须符合设计规定。树身上下垂直，如果树干有弯曲，弯应朝西北方向。行列式栽植必须横平竖直，左右相差最多不超过半树干。常绿土球苗栽植深度应略低于土球顶面 5cm。栽行列树应事先栽好"标杆树"。方法是每隔 20 株左右，用皮尺量好位置，先栽好 1 株，然后以这株为瞄准依据，全面开展定植工作。浇水堰开完后，将捆绕树冠的草绳解开，以便枝条舒展。

（三）栽植后的养护管理

1. 立支柱

较大苗木为了防止被风吹倒，应立支柱支撑，北方多风地区尤应注意。立支柱的方式一般有单支柱、双支柱、三角支撑、四角支撑四种形式。

（1）单支柱　用坚固的木棍或竹竿，斜立于下风方向，埋深 30cm，支柱与树干之间用麻绳或草绳隔开，然后用麻绳捆紧。

（2）双支柱　用 2 根支柱垂直立于树干两侧与树平齐，支柱顶部捆一横担，用草绳将树干与横担捆紧，捆前先用草绳将树干与横担隔开，以免擦伤树皮。行道树立支柱不要影响交通。

（3）三角支撑　将 3 根支柱组成三角形，将树干围在中间，用草绳或麻绳把树和支柱隔开，然后用麻绳捆紧。

（4）四角支撑　将 4 根支柱组成井字形，将树干围在中间，原则上四根撑杆绑扎高度一致，与树干角度一致。

2. 灌水

水是保证树木成活的关键，栽后必须连灌几次水，气候比较干旱的北方地区尤为重要。

（1）开堰。苗木栽好后灌水之前，先用土在原树坑的外缘培起高约 15cm 圆形土堰，并用铁锹将土堰拍打牢固，以防漏水。

（2）灌水。苗木栽好后 24 小时之内必须浇上水，栽植密度较大的树丛，可开片堰。第一遍水，水不要太大，主要是使土壤填实，与树根紧密结合。北方地区干旱缺雨，苗木栽植后 10 天之内必须连灌 3 遍水，每一遍水都应浇足。

3. 扶直封堰

（1）扶直。第一遍水渗透后的翌日，应检查树苗是否有倒歪现象，发现后及时扶直，将苗木稳定好。

（2）封堰。3 遍水浇完，待水分渗透后，用细土将灌水堰填平。

4. 栽后的其他养护管理工作项目

对受伤枝条和栽前修剪不够理想枝条的复剪；病虫害的防治；巡查、维护、看管、防止人为破坏；及时清理场地，做到工完地净，文明施工。

四、大树带土球移植方法

大树带土球（软材料包装）移植就是用蒲包、草绳、编织布等可降解材料，移植规格较大，即一般胸径在 20~25cm 之间的树木。此法移植比木箱移植操作方法要简便一些，但假植时间不宜过长，最好随掘、随栽，其操作方法如下：

（一）掘苗的准备工作

大树移植的成功与否，与栽植、养护密不可分，但主要决定于所带土球范围内吸收根的多少。所以，为保证移植树木成活，掘苗前必须做好充分的准备工作。

1. 苗木的选择和号苗

按照设计图纸要求的树种、规格及特殊要求（如树形、树龄、树高、姿态、花色、品种等）选苗，选苗时一般还要注意以下几点：生长健壮、无病虫害，特别是根干内部无病虫、树冠丰满，欣赏价值高，有新生枝条的苗木。立地条件适宜掘苗、吊装、运输，调查记录土壤条件，最低要求也要达到土壤能成型，能通行吊、运车辆或经过修路后能够通行，坡度不是太陡，能够站人操作，地下水位不太高，掘苗坑内不积水，至少是能够排干积水。

选好苗木以后，在树干上做出明显标记，即"号苗"。

2. 建卡编号

号中的苗木要建立登记卡片，写明树种、高度、干径粗度、分枝点高度、树形、主要欣赏面及地点、土质、交通、存在问题和解决办法等。最后将全部大苗统一编号，以便栽植时对号入座，保证不栽错位置。

3. 断根缩坨

根据树种习性、树龄和生长状况，判断移栽成活的难易，决定分 2~3 年于东、西、南、北四面（或四周）在一定范围之外开沟，每年只断周长的 1/3~1/2，断根范围一般以干径的 5 倍画圆之外开一宽 30~40cm、深 50~70cm（视根的深浅而定）的沟，挖时最好只切断较细的根，保留 1cm 以上的粗根，于土球壁处，行宽约 10cm 的环状剥皮并涂抹生长素，有利促发新根。填入表土，适当踩实至地平，并灌水，为防风吹倒，可立三角支撑。

4. 工具、材料、机械、车辆的准备工作

开工前必须准备好所需要用的全部工具、材料、机械和运输车辆，并要指定专人负责领

收管理，不要乱抓乱动，否则必将影响正常的施工秩序。

（二）掘苗

1. 土球规格

掘苗土球直径的大小一般应是胸径的 8～10 倍。

2. 支撑

掘苗前要用竹竿在树木分枝点上将苗木支撑牢固，以确保树木和操作人员的安全。

3. 画线

掘苗前以树干为中心，按规定之直径尺寸在地上画出圆圈，以线为掘苗之依据，沿线的外缘挖掘土球。

4. 掘苗

沟宽应能容纳一个人操作方便，一般沟宽 60~80cm，垂直挖掘，一直挖到规定土球高度为止。

5. 修坨

掘到规定深度时，用铁锹将土球表面修平，上大下小，肩部圆滑，呈红星苹果型，修坨时如遇粗根，要用手锯或剪刀截断，切不可用铁锹硬切造成散坨。

6. 收底

土球肩部向下修坨到一半的时候，就要逐步向内缩小，到规定的土球高度，土球底的直径一般应是土球顶部直径的 1/3 左右。

7. 缠腰绳

土球修好后，应及时用草绳将土球中腰围紧叫"缠腰绳"。操作方法是一个人拉紧草绳围土球中腰缠紧，另一个人随时用木棍或砖头敲打草绳以使草绳收紧，一般围草绳高度 20cm 左右即可，注意围腰绳所用的草绳最好事先浸湿，以便操作时草绳不易折断，干后增强拉紧强度。

8. 开底沟

围好腰绳以后，应在土球底部向内刨一圈底沟，宽度在 5~6cm，以使打包时草绳不松脱。

9. 修宝盖

围好腰绳以后，还须将土球顶部表面修整好，称"修宝盖"。操作方法是用铁锹将上表面修整平滑，注意土球表面靠近树干中间部分应稍高于四周，逐渐向下倾斜，土球肩部要圆滑，不可有棱角。这样在捆草绳时才能拴结实，不致松散。

10. 打包

最后用蒲包、草绳等材料将土球包装起来，称"打包"，这是保证掘苗质量最重要的一道工序。操作方法如下：先将蒲包、草绳等包装材料用水浸湿，以方便打包操作及增加拉力。用蒲包、蒲包片、编织布等将土球表面盖严不留缝隙，并用草绳稍加围拢以使蒲包固定住。然后用草绳以树干为起点，先用草绳拴在树干上，稍稍倾斜绕过土球底部，按顺时针方向捆紧，边绕草绳边用木棍、砖头顺序敲打草绳，并随时收紧，注意草绳间隔保持 8cm 左右，土质不好时可再密一些。捆绑时，草绳应摆顺，不可使两根草绳拧成麻花，在土球底部更要排均排顺，以防草绳脱落。纵向草绳捆好后，再用草绳沿土球中腰部横围十几道腰绳，注意捆紧，围完后还要用草绳将围腰的草绳与纵向草绳串联起来捆紧。

11. 封底

打包完了以后，轻轻将树推倒（注意推倒前在树倒下的方向坑沿上挖一道纵沟，以使树木倒下后不会损伤树干）。用蒲包将土球底部堵严，并用草绳与土球上纵向草绳连结紧牢，至此全部掘苗工序告终。

（三）吊装运输

（1）吊装运输前要做好准备工作，主要有：备好符合要求的吊车、卡车。捆绑土球及树干的大绳，并检查是否牢固，不牢固的绳索绝不可用。隔垫绳索与土球的木板、蒲包等。起吊土球的大绳，应先对折起来，对折处留 1m 左右打结固定。

（2）一般大土球苗木应选用起吊、装运能力大于树重的机车和适合现场情况的吊车，并用载重量在 5t 以上的卡车运输，装车前用事先打好结的大绳（不要用钢丝绳，因钢丝绳既硬又细，容易勒伤土球），双股分开，捆在土球 3/5 处，与土球接触的地方垫以木板，然后将大绳两端扣在吊钩上，轻轻起吊一下，此时树身倾斜，马上用中绳在树干基部栓一绳套（称脖绳）也扣在吊钩上，即可起吊装车。

（3）装车时必须土球向前，树梢向后，轻轻放在车厢内，用砖头或木块将土球支稳，并用大绳牢牢捆紧，防止土球摇晃。

（4）对于树冠较大的苗木，应用小绳将树冠轻轻围拢，中间垫上蒲包等物，防止擦伤树皮。

（5）运输途中要有专人负责押运，并与司机协作配合，保证行车安全。

（6）运到终点后，要向工地负责栽植的施工人员交代清楚，有编号的苗木要保证苗木对号入座，避免重复搬运，损伤苗木。

（四）卸车

（1）苗木运到现场后要立即卸车，方法大体与装车相同。

（2）卸车后如不能立即栽植，则应将苗木立直、支稳，绝不可将苗木斜放或倒放。

（五）假植

（1）苗木掘起后如短期内（1 个月左右）不能栽植者，则应准备好假植场地，场地要求交通方便、水源充足、地势高燥不积水，最好距离施工现场较近，并能够容纳全部需要假植的苗木。

（2）假植苗木数量较多时，应按品种、规格分门别类集中排放，以便于运输和养护管理工作。

（3）较大苗木假植时，可以双行一排，株距以树冠侧枝互不干扰为准，排间距保持 6~8m，能通行车辆、便于运输。

（4）苗木排好后，在土球下部培土至土球高度 1/3 处左右，并用铁锹拍实，切不可将土球全部埋严，以防包装材料糟朽。必要时应立支柱防止树身倒歪，造成苗木损伤。

（5）假植期间要加强养护管理，最主要措施是：维护看管，防止人为破坏。保持土球和叶面潮湿，保证苗木生长对水分的要求，可以根据气候条件每天喷水 2~3 次。因假植期间苗木密度大，通风、光照条件不好，必须注意防治病虫危害。随时检查土球包装情况，发现糟朽损坏随时修整，必要时重新打包，有条件的最好装筐假植。一旦施工现场有栽植条件，则应立即栽植。

（六）栽植

（1）栽植前根据设计要求定好位置、测定标高、编好树号，以便栽植时对号入座，准确无误。

（2）刨坑。树坑的规格应比土球规格大些，一般直径放大 40cm 左右，深度加深 20cm 左右，土质不好则更应加大坑号，更换适宜树木生长的好土。如果需要施用底肥，事先应准备好优质有机肥料，和要填入树坑内的土壤搅拌均匀，随填土时施入坑内。

（3）吊装入坑时，大绳的捆绑方法与装卸车捆法相同，但在吊起时应尽量保持树身直立，入坑后还要用木棍轻撬土球，将树干立直，上（树梢）、下（树干基部）成一直线。树冠生长最丰满完好的一面应朝向主要观赏方向，土球表面与地表标高平（常绿树土球顶面高于地面 5cm），防止埋土过深，对树根生长不利。

（4）树木入坑放稳后，应先用支柱将树身支稳，再拆包填土，填土时应尽量将包装材料取出，实在不好取出者，可将包装材料压入坑底。如发现土球松散，则千万不可松解腰绳及中腰下部的包装物，但土球上半部的蒲包、草绳必须解开取出坑外，否则影响将来水分的渗透。

（5）树木放稳后应分层填土，分层夯实，操作时注意保护土球，不可损伤。

（6）最后在坑口的外缘用细土培筑一道高 30cm 左右的灌水堰，并用铁锹拍结实。栽后应及时灌水，第一次灌水量不求太大，起到压实土壤的作用即可，第二次水量要适量，浇完 3 遍水后可以培土封堰，以后视需要进行浇灌。每次灌水时都要仔细检查，发现有漏水现象，则应填土塞严漏洞，并将所漏掉水量补足。

第二节　木箱树木移植

根据城市环境特点和园林绿化的需求，近年来多选用大规格的苗木。有些重点工程，为了保证达到预期的景观效果，要求用具备特定优美树姿的大规格苗木，为了提高成活率，可采用木箱移植。目前许多大树移植工程的成活率，都能达到甚至超过 95%。

一、木箱移植的挖掘

对于必须带土球移植的树木，土球规格过大，如用软材料包装，很难保证吊装和运输的安全。当前北京地区一般采用方木箱包装移植，较为稳妥安全。方木箱包装移植法，适用于挖掘方形土台移植的树木，规格胸径可达 40cm。

（一）移植时间

实践证明用方木箱移植，树木保持了比较完整的根系，并且土壤和根系始终保持着比较正常的水分供应关系，所以除新梢生长旺盛期外，一年四季都可移植。只要严格按照技术要求操作，认真搞好工程质量，再加上移植以后，采取完善的养护管理措施，即使在非正常的植树季节，用此法移植树木，也完全能够收到良好的效果。但是，由于在移植过程中，根系毕竟会受到不同程度的损伤，树木生理活动机能，也会受到一定程度的影响。加之方木箱包装移植大树成本很高，苗木来源比较困难，所以应当尽量在正常的植树季节移植，尤其是春季移植，对树木成活和以后的生长发育最为有利。

（二）掘苗前的准备工作

掘苗前首先要准备好包装用的板材：箱板、底板和上板。并将树干四周地表的浮土铲除，然后根据树木的大小决定挖掘土台的规格，一般可按胸径的 8~10 倍作为土台的规格。表 6-3以掘 1 株 1.85m × 1.85m × 0.80m 规格的方木箱举例说明所需用的工具、材料、机械。

掘方木箱所用机具与材料　　　　　　　　　　　　　　表 6-3

名称		数量、规格及用途
材料类	木板	箱板（边板）、底板、上板，厚 5cm；带板（纵钉箱板上）厚 5cm、宽 10~15cm、长 80cm；箱板上口长 1.85m、底口长 1.75m，共 4 块，用 3 块带板钉好后高 0.8m；底板约长 2.1m、厚 5cm、宽 10~15cm，4~5 块；上口板约长 2.3m、宽 10~15cm、厚 5cm，4 块
	铁皮（联接物）	约 80 条，厚 0.2cm、宽 3cm、长 80~90cm，每根打 10 个孔，孔间距 5~10cm，两端对称
	铁钉	约 750 个，3~3.5 寸（1 寸 ≈3.3cm）
	支撑横木	4 根，10×15cm 木方，长 1m 左右，在坑内四面支撑木箱用
	垫板	8 块，厚 3cm，长 20~25cm，宽 15~20cm，用来支撑横木和垫木墩用
	方木	10cm×10cm~15cm×15cm，长 1.50~2.00m，约需 8 根，吊装、运输、卸车时垫木箱用
	圆木墩	约需 10 个，直径 25~30cm，支垫木箱底
	蒲包	约 10 个，包四角填充上、下板
	草袋	约 10 个，围裹保护树干用
	杉篙	3 根，比树身略高，作支撑用
	扎把绳	约 10 根，捆杉篙起吊牵引用
工具类	修枝剪	2 把，剪枝用
	手锯	1 把，锯树根用
	木工锯	1 把，锯上、下板用
	铁锹	圆头，锋利铁锹 3~4 把，掘树用
	平锹	2 把，削土台、掏底用
	小板镐	2 把，掏底用
	紧线器	2 个，收紧箱板用
	钢丝绳	2 根，0.4 寸，每根连打扣长约 10~12m，每根附卡子 4 个

续表

名称		数量、规格及用途
工具类	尖镐	2 把，刨土用
	铁锤或斧	2~4 把，钉铁皮用
	小铁棍	2 根，粗 0.6~0.8cm，长 40cm，拧紧线器用
	冲子、剁子	各 1 个，剁铁皮及铁皮打孔用
	鹰嘴扳子	1 个，调整钢丝绳卡子用
	起钉器	2 个，起弯钉用
	油压千斤	1 台，上底板用
	钢尺	1 把，量土台用
	废机油	少量，坚硬木板润滑钉子用
机械类	起重机	按需要配备起重机 1~2 台，土质松软处，应用履带式起重机（木箱 1.50m 用 5t 吊，木箱 1.8m 用 8t 吊，木箱 2.0m 用 15t 吊）
	车辆	数量、车型、载重量，视需要而定

（三）掘苗

1. 土台规格

土台越大，保留的根系越多，当然对成活有利。但土台加大，重量也随之成倍增加，给装卸、运输及掘、栽操作都会带来很大困难。因而要在保证移植成活的前提下，尽量减小土台规格。

确定土台大小应根据树木品种、株行距等因素综合考虑，一般可按树木胸径（离地的 1.3m 处）的 8~10 倍。北京地区目前方木箱规格执行如表 6-4。

树木胸径与方木箱规格 表 6-4

树木胸径（cm）	木箱规格（m³）
15~18	1.5 × 1.5 × 0.6
19~24	1.8 × 1.8 × 0.7
25~27	2.0 × 2.0 × 0.7
28~30	2.2 × 2.2 × 0.8

胸径如超过上述规格应另行确定。

2. 挖土台

（1）画线

开挖前以树干为正中心，较规定边长多 5cm 画成正方形，作为开挖土台的标记，画线尺寸一定要正确无误。

（2）挖沟

沿画线的外缘开沟挖掘，沟的宽度要方便工人在沟内操作，一般要达 60~80cm，土台四边比预定规格最多不得超过 5cm，中央应稍大于四角，直挖到规定的土台高度。

（3）铲宝盖土

实践证明，一般情况下，地表面树根很少，为减轻重量，可以在挖沟时注意观察，根据实地情况，将表土铲去一层，到树根较多之处，再开始计算土台高度，以保更加完整的根系，这项操作称"铲宝盖土"，或称"去表层土"。

（4）修平

土台掘到规定高度后，用平口锹将土台四壁修整平滑称"修平"。修平时遇有粗根，要用手锯锯断，不可用铁锹硬切，造成土台损伤。粗根的断口应稍低陷于土台表面，修平的土台尺寸应稍大于边板规格，以保证箱板与土台紧密靠紧。土台形状与边板一致，呈上口稍宽，底口稍窄的倒梯形，这样可以分散箱底所受压力。修平时要经常用箱板核对，以免返工和出现废品。挖出的土放在距树坑较远的地方，以免妨碍操作，必要时可以派辅助工，做这项扔土工作。

3. 上边板（上箱板）

（1）立边板

土台修好后，应立即上箱板，不能拖延。箱板的材质规格必须符合规定标准，否则就易发生意外事故。靠立好边板，要仔细观察是否靠紧了，如有不紧之处应随时修平，边板中心要与树干成一条直线，不得偏斜。土台四周用蒲包片包严，边板上口要比土台上顶低 1~2cm，以备吊装时土台下沉之余地。如果边板高低规格不一致，则必须保证下端整齐一致，对齐后用棍将箱板顶住，经过仔细检查认为满意后，用上下两道钢丝绳绕好。绕钢丝绳之前，仔细检查钢丝绳卡子是否坚固，必须保证卡子卡紧钢丝绳，而又不要别住边板外的带板。

（2）上紧线器

先在距边板上、下边 15~20cm 处横拉两条钢丝绳，于绳头接头处相对方向（东对西或南对北）的带板上装紧线器，先把紧线器的螺栓松到最大的限度，紧线器旋转的方向必须是从上向下转，愈转愈紧。收紧紧线器时上下两个要同时用力，还要掌握收紧下线的速度稍快于收紧上线的速度。收紧过程中如钢丝绳与紧线器同时扭转，可以用铁棍别住，使之不转。收紧到一定程度，随时用木锤锤打钢丝绳，直至发出"嘣嘣"的弦音，则表示已经收紧了，可立即钉铁皮。

（3）钉箱

钢丝绳收紧以后，在 2 块箱板交接之处，钉铁腰子，称"钉箱"。最上、最下的 2m 道铁皮各距箱板上、下口 5cm。1.5m×1.5m 的木箱每个箱角钉铁皮 7~8 道；1.8m×2m 的木箱钉 8~9 道；2.2m×2.2m 的木箱钉 9~10 道，每条铁腰子须有 2 对以上的钉子，钉在带板上。钉子不要钉在箱板的接缝处。钉时钉子帽稍向外倾斜以增强拉力，钉子不能弯曲，如果砸弯，应拔下重钉。箱板与带板之间的铁皮必须拉紧，不得弯曲，四周铁皮全部钉完后，再检查 1 次，用小铁锤轻敲铁皮，发出"咚咚"的绷紧弦音则证明已经钉牢，即可松开紧线器，取下钢丝绳。

（4）加深边沟

钉完箱板以后沿木箱四周继续将边沟挖深 30~40cm，以备掏底操作。

4.掏底与上底板

装好边板后将箱底土台挖空，安装上封底箱板，称"掏底上底板"。

（1）掏底可两侧同时进行，每次掏底宽度要和底板宽度相等，掏够1块板的宽度后就应立即钉上1块底板。底板间距基本一致，在10~15cm内。

（2）上底板前应事先量好截好底板所需要的长度（与相对边板的外沿相齐），并在坑上将底板两头钉好铁腰子。

（3）上底板时，先将一端紧贴边板钉牢在木箱带板上，钉好后用圆木墩顶牢，另一头用油压千斤顶起，与边板贴紧，用铁皮钉牢，撤去千斤顶，支牢木墩。两边底板上完后再继续向内掏挖。

（4）支撑。在掏挖中间底以前，为保障操作人员的安全，应将四面箱板上部，用4根横木支撑，横木一头顶住坑边，坑边先挖一小槽，槽内立一块小木板做支垫，将横木顶住支垫。横木另一头顶住木箱带板，并用钉子钉牢，检查满意后再掏中心底。

（5）在掏中央底板时，底面中间应稍突出弧形，以利收得更紧，掏底时如遇粗根要用手锯锯断，断口凹陷于土内，以免影响底板收紧。掏中心底时要特别注意安全，操作时头部和身体千万不要伸在木箱下面。风力达到4级以上时，应停止操作。

上中间底板的方法与两侧底板相同，底板之间间距要一致，一般保持10~16cm。掏底过程中，如果发现土质松散，应用窄板将底封严。如脱落少量底土可以用草垫、蒲包填严后再上底板。如底土大量脱落不能保证成活时，则应请示现场操作技术负责人设法处理。

5.上盖板

封完底板以后，在箱板上口钉一组板条，称"上盖板"。上盖板前，先修整土台上表面，使中间部分稍高于四周，表层有缺土处用潮湿细土填严拍实，土台应高出边板上口1~2cm，土台表面铺一层蒲包后，在上面钉盖板。

上板长度应与箱板板口相等，树干两边各钉2块，钉的方向与底板垂直，如需要多次吊运或长期假植，可在上板上面相反方向，每侧再钉一块成"#"字形以保护土台完整。

二、木箱移植的安全规定

（1）作业前必须对现场环境（如地下管线的种类、深度、架空线的种类及净空高度）、运输线路（道路宽度、路面质量、立体交叉的净空高度）、其他空间障碍物、桥涵宽度、承载能力及有效的转弯半径等进行调查了解后，制定出安全措施，方可施工。

（2）挖掘树木前，应先将树木支撑稳固。

（3）装箱树木在掏底前，箱板四周应先用支撑物固定牢靠。

（4）掏底时应从相对的两侧进行，每次掏空宽度不得超过单块底板宽度。

（5）箱体四角下部垫放的木墩，截面必须保持水平，垫放时接触地面的一头，应先放一大于木墩截面1~2倍厚实的木板，以增大承载能力。

（6）掏底操作人员在操作时，头部不得进入土台下。

（7）风力达到4级以上时（含4级），应停止掏底作业。

（8）在进行掏底作业时，地面人员不得在土台上走动、站立或放置笨重物件。

（9）挖掘树木使用的工具、紧固机件、丝扣接头等，应于使用前由专人负责检查，不能保证安全的不得使用。

（10）操作坑周围地面，不可随意堆放工具材料，必须使用的工具材料，应放置稳妥，防止落入坑内伤人。

（11）操作人员必须佩戴安全帽、革制手套。

（12）吊、卸、入坑栽植前要再检查钢丝绳的质量、规格、接头、卡环是否牢靠，符合安全规定。

（13）起重机械必须有专人负责指挥，并应规定统一指挥信号，非指定人员不得指挥起重机械或发布信号。

（14）装车后，木箱或土球必须用紧线器或绳索与车厢紧固结实方可运行。

（15）押运人员必须熟悉所运苗木品种、规格和卸车地点，对号入座的苗木还要知道具体卸苗部位。

（16）押运人员事先要办理好必要的行车手续，并在车辆运行过程中，应随时注意检查绳索和支撑物有无松动、脱落，并及时采取措施认真加固。

（17）装、卸车时，吊杆下或木箱下，严禁站人。

（18）卸车放置垫木时，头部和手部不得伸入木箱与垫木之间，所用垫木长度应该超过木箱。

（19）大树栽植前卸下底板，要及时搬离现场，放置时钉尖必须向下。

（20）树木吊放入坑时，树坑内不得站人，如需重新修整树坑，必须将木箱吊离树坑，操作人员方能下坑操作。

（21）栽植大树时，如需人力定位，操作人员坐在坑边进行，只允许用脚蹬木箱上口，不得把腿伸在木箱与土坑中间。

（22）栽植后拆下的木箱板，钉尖向下堆放，不准外露，以免伤人。

第三节　园路施工

一、园路施工工艺流程简图

园路施工工艺流程：施工前准备→施工放线→基层施工→垫层施工→面层施工（含结合层）

二、园路施工方法

1. 施工前准备

（1）技术准备

掌握施工图纸：学习和领会施工图纸的意图，详细关注施工图纸中的技术要求、规范和标准图集，对于施工图的疑问及时向设计方提出进行图纸答疑。

编制施工方案：根据施工图要求，结合总工程进度计划及现场各种情况，编制详细的园路工程专项施工方案。

（2）施工机具准备

施工器具准备：进场前把施工中放线和高程控制等需要用到的仪器设备、工具等需准备齐全，所有仪器必须经过校准无误后方可进场使用。

施工机械准备：园路挖槽、垫层施工中使用的机械需要办理相应进场手续，施工前对仪器进行检修，并对机械操作人员进行培训，所有机械操作人员需持证上岗。

（3）现场准备工作

场地条件：在施工前必须保证现场场地平整，无障碍物、垃圾等。

交通条件：确保施工过程中施工通道畅通。

通水、通电：在施工前保证临水、临电接通，水、电供给量能够满足正常施工需要。

2. 施工放线

（1）方格网测设：根据建设方提供的主要控制点、基点及设计总平面图上各种建筑物、道路、管线，结合施工方案和现场地形情况，选定方格网的主轴线、全面布设方格网。

（2）路中线测设：根据已布设的方格网和施工图纸打好园路中心线并做好相应标记，其中包括园路中线上的交点和转折点、园路转折角、园路曲线主点等。直线道路测设需使用直角坐标法参照图纸设计中的放线图，测设出道路中线的起点、转折点、终点等线路三主点。

（3）路边线、范围线测设：根据已铺设完成的路中线和施工图纸将园路相应的边线及范围布设完成。

（4）高程控制：根据建设方提供的高程基准点，按照施工图纸进行标高测量、定位。

（5）复核：依据基准点、图纸对已放线、定桩的位置及高程进行复核，要求误差在一定控制范围内。

3. 基层施工

路槽宽度应比设计路面宽度每侧超出 20cm，根据现场标高决定进行土方回填或挖槽施工。

（1）土方回填施工

根据工程特点、土质类型、密实度要求、施工条件等，合理地确定填方土料含水率、虚铺厚度和压实遍数等参数；重要回填土方工程，其压实系数需通过现场试验确定。回填前应对基层压实度、平整度、含水量等参数进行测量，合格后方可进行回填。施工前，应定桩做好高程控制。

（2）挖槽施工

根据设计标高和实际情况，确定挖槽深度。开挖路槽后，要清除杂物、平整槽底并进行找坡，保证地面基本达到设计的坡度。最后再进行路槽夯实，且应达到夯实度要求。此外对于路基局部松软的区域还要作地基加固处理。

4. 垫层施工

（1）素土垫层施工：素土垫层为槽底设计标高处向上 5cm，垫层土的质量必须符合规范要求，不得含有杂质，粒径不得大于 2cm。一般园路可采用蛙式打夯机，夯实 2~3 遍，直至符合夯实度要求为止，每层回填土的压实厚度应控制在 8cm 至 20cm；大于 20cm 时应分层摊铺、分层夯实。园路面积较大时，可借助压路机碾压夯实。

（2）级配砂石垫层施工：级配砂石垫层是用天然砂石料铺设而成，其厚度不小于 100mm，并应进行夯实、碾压。

施工要点：砂和石子不得含有有机杂物，含泥量不得超过 3%，石子的最大粒径不得大于垫层厚度的 2/3。

施工前，应组织有关单位共同验槽，包括轴线尺寸、水平标高、基底情况，以及有无其他施工单位的预埋管线等。验收合格后，根据设计要求的标高，直线段每隔 10m，曲线段每隔 5m 设置一个标高控制桩，并在造型两侧边缘 0.3~0.5m 处设置标志桩，在标志桩上标出底基层设计标高及松铺厚度标记。用平面振捣器振捣时，每层虚铺厚度为 200~250mm，最佳含水量为 15%~20%，振捣器要反复振捣；用压路机碾压时，每层的虚铺厚度为 200~300mm，最佳含水量为 8%~12%，反复碾压，一般碾压不少于 4 遍，其轮距搭接不小于 50cm，注意分层铺筑不得过厚，防止碾压密实度不够。并且保证碾压完成后无明显的轮迹。

（3）灰土垫层施工：灰土垫层应采用熟化石灰与黏土（或粉质黏土、粉土）的拌合料铺设，其厚度不应小于 100mm，黏土含水率应符合规定。垫层灰土应严格控制配合比。灰土的配合比应用体积比，除设计有特殊要求外，一般为石灰：黏土等于 2：8 或 3：7。灰土拌合时应拌合均匀。灰土施工时，应根据最佳含水率试验结果控制含水量，一般最优含水量为拌合料总重量的 14%~18%。水分过多过少时，应稍晾干或洒水湿润。现场检验方法是：以手握成团，落地即散为宜。灰土垫层施工完成后应洒水养护。冬季灰土的施工，土料不得含有冻块，要做到随筛、随拌、随打、随盖，土壤因受冻松散时可洒盐水，气温低 −10℃以下时，不宜施工。

分层铺灰土：每层灰土的摊铺厚度，可根据不同的施工方法，按表 6-5 选用。各层摊铺后均用木耙找平，与标高控制线（点）对应检查。

不同施工方法每层的灰土摊铺厚度表　　　　　　　　　　　　表 6-5

夯具种类	虚铺厚度（mm）	备注
石夯	150~250	人力打夯，落距 400~500mm，一夯压半夯
轻型夯实工具	200~250	一般采用蛙式打夯机或柴油打夯机
压路机（机重）	200~300	根据压实实验，确定压实遍数

夯压密实：夯压的遍数应根据设计要求的干密度经现场试验确定，一般不少于三遍。采用人工夯实时，要一夯压半夯，夯夯相接，夯夯相连，纵横交叉。蛙式打夯机每行左右重叠宜为 100~150mm。大面积灰土垫层采用机械碾压时，碾压不少于 4 遍，轮距搭接不少于 500mm，边缘和转角处应用人工补打夯实。当灰土垫层厚度不同时，应做成阶梯形，每阶宽不少于 500mm。灰土应当日铺填当日夯实。夯实后在灰土表面做临时覆盖，避免日晒雨

淋。灰土回填每层夯（压）实后，应进行环刀取样，测出灰土的干密度，达到设计要求时，才能进行上一层灰土的铺摊。

（4）素混凝土垫层施工：

素混凝土垫层是用不低于 C10 的混凝土铺设而成，其厚度不应小于 60mm。

施工要点：清理基层，浇筑混凝土垫层前，应清除基层的淤泥和杂物；基层表面平整度应控制在 15mm 内。根据木桩上水平标高控制线，向下量出垫层标高。混凝土搅拌机开机前应进行试运行，并对其安全性能进行检查，确保其运行正常；搅拌时应先加石子，后加水泥，最后加砂和水，其搅拌时间不得少于 1.5 分，在运输中，应保持其匀质性，做到不分层、不离析、不漏浆。运到浇筑地点时，应具有要求的坍落度，坍落度一般控制在 1~3cm。混凝土铺设从一端开始。并且要连续浇筑，间歇时间不得超过 2 小时。如间歇时间过长，应分块浇筑，接槎处按施工缝处理，接缝处混凝土应捣实压平，不显接头槎。用铁锹摊铺混凝土，用水平控制桩控制标高，虚铺厚度略高于找平桩，然后用平板振捣器振捣，确保混凝土密实。混凝土振捣密实后，以木桩上水平控制点为标志，带线检查平整度，高出的地方铲平，凹的地方补平。混凝土先用水平刮杠刮平，然后表面用木抹子搓平。找平完成后，应在 12 小时内用塑料薄膜加以覆盖和浇水，浇水次数应能保持混凝土具有足够的润湿状态，浇水养护不少于 7 天，混凝土强度达到 1.2MPa 后，才能进行下道工序施工（图 6-1）。

图 6-1 混凝土垫层浇筑施工

（5）模板施工：

浇筑混凝土垫层前需要支护模板，模板施工要点如下：

搭设要点：园路模板一般使用木模板和钢模板，因园林中园路弯曲变化很常见，其中以木模板（多层胶合板、木方）支护最常见。在木模板搭设中，接缝不应漏浆；模板与混凝土的接触面应清理干净并涂刷隔离剂；浇筑混凝土前，模板内的杂物应清理干净；模板的支撑体系稳定牢固；模板表面平整度满足规范要求；模板及其支架应具有足够的承载能力、刚度；固定在模板上的预埋件、预留孔和预留洞均不得遗漏，且应安装牢固。拆模要点：模板拆除的顺序和方法，应按照配板设计的规定进行，遵循先支后拆、后支先拆、先非承重部位和后承重部位以及自上而下的原则，拆模时，严禁用大锤和撬棍硬砸硬撬。

5. 面层施工

（1）结合层施工：面层和基层之间为园路结合层，是基层的找平层，也是面层的粘结层。一般用 10~30mm 厚 1：3~1：2.5 干硬性水泥砂浆，砂浆摊铺宽度应该大于铺装面层 5~10cm，且拌好的砂浆应当日用完。因道路使用性质不同，如人行便道等，也可以用 3~5cm 的粗砂均匀摊铺而成。

（2）面层施工

施工准备：根据设计要求及铺贴工艺。准备好各种材料及其辅助材料。料面层要求规格一致平整方正，不能有缺棱掉角，不开裂，无凸凹扭曲，无色差。各类材料应按设计图案要求，事先选好统一编号，以便对号入座。面层铺装板的规格应符合设计要求。各种填充材料、粘结剂应按设计要求进行。

作业条件：在已经完成的混凝土基层上，重新定点放线。路面一般每10m施工一段，根据设计标高，路面宽度定放边桩、中桩、拉好边线。确定砌块路面的砌块列数及其拼装方法。铺砌面砖前应首先弹好各种样式品种的分隔线。选料时应按配花、品种挑选，尺寸基本一致，纹理通顺，并分类存放，待铺贴时取用。分块排列布置要求对称，接缝要求贯通。

施工工艺：铺贴前对铺装材料的规格、尺寸、外观质量、色泽进行预选。根据水平线、中心线，按预排铺好两侧标准后，再拉线进行铺贴。铺贴前，应先将基层浇水湿润，再刷水泥浆一道，水泥浆应随铺随刷，不得有风干现象。施工时，应采用分段顺序铺贴。按标准进行拉线，并随时做好各工序的检查和复验工作以保证铺贴质量。面层铺贴24小时内，应根据各类面层要求分别进行擦缝、勾缝、压缝工作。缝的深度及宽度应均匀，擦缝和勾缝，宜采用同品种、同标号、同颜色水泥，同时应及时清理表面水泥，并做好面层养护工作。

三、常见园路工程施工工艺

1. 烧结砖面层施工

（1）材料要求

烧结砖的强度等级、规格、质量应符合设计要求，板块允许偏差：长度±1mm，厚度±2.5mm，水泥必须满足规范要求。

（2）施工工艺

找标高、拉线：在已经完成的基层上重新找标高、拉线，根据图纸复核轴线和标高，沿路长进行打木桩固定边线和高度，拉好水平线；测量出路面宽度，在道路两侧根据已拉好的水平标高线，进行铺设，上口找平、找直，是曲线的要反复进行微调直至满意为准（图6-2），灌缝后两侧培土掩实。

铺装：对进场的烧结砖进行挑选，将有裂缝、掉角、翘曲的和表面有缺陷的剔除，不符合设计和规范规定的禁止使用。拉水平线，根据路面场地可分段进行铺装，先在每段的两端头各铺一排烧结砖，以此作为标准进行铺装，铺装前将垫层清理干净后，铺一层30厚1：3水泥砂浆结合层，铺的面积不得过大，随铺砂浆随铺砖，烧结铺装上时略高于面层水平线，然后用橡皮锤将板块敲实，使面层与水平

图6-2 弧线边砖顺线条经过摆型并切割倒角后效果

图6-3　平整度和坡度控制较好的铺装效果

线相平，砖间缝隙不宜大于3mm，要及时拉线检查缝格平直度，用2m靠尺检查砖的平整度。烧结砖铺设后，表面应浇水进行为期不少于7天的养护，当水泥砂浆的抗压强度达到设计要求后方可使用。

灌缝：烧结砖铺装两天后，应进行粗砂扫缝，将缝填实灌满后将面层清理干净，待结合层达到强度后，方可上人行走，面层铺完后至少浇水养护7天。

质量要求：烧结砖表面无裂缝、掉角、翘曲等明显缺陷，面层平整洁净，图案清晰，色泽一致，接缝均匀、顺直（图6-3）。表面平整度不大于3mm，缝格顺直不大于2mm，接缝高低差不大于1.5mm，板块间隙宽度不大于3mm。

成品保护：烧结砖的砂浆未达到48小时，禁止上人，更不能上重车和堆放物料。铺装周边用线绳围护，放置提示标语，设工人专门负责成品保护，不得在铺装完毕的面层上进行拌制砂浆和进行其他施工作业。

2. 花岗岩面层施工

（1）样板试拼：在正式铺设前先做样板段（图6-4），经设计师和建设方认可后再作大面积施工。

（2）找标高：根据水平标准线和设计厚度设置定位桩。

（3）基层处理：基层上的浮浆、落地灰等清扫干净。

（4）排花岗石：按照花岗岩的尺寸排出花岗岩石材板应放置的位置，并在地面弹出十字控制线和分格线。

图6-4　样板试拼

（5）铺设结合层砂浆：铺设前应将基底湿润，并在基底上刷一道素水泥浆或界面结合剂，随刷随铺设搅拌均匀的1：2.5干硬性水泥砂浆。

（6）铺花岗岩石材板：将花岗岩石材板放置在水泥砂浆上，用橡皮锤找平，然后将花岗岩石材板拿起，在水泥砂浆上浇适量素水泥浆；同时，在花岗岩石材板背面涂厚度约1mm的素水泥膏，再将大理石或花岗石放置在找过平的水泥砂浆上用橡皮锤按标高控制线和方正控制线坐平、坐正。

（7）铺花岗岩石材板时，应按施工图纸规定的铺设方向，先在图案中间按照十字线铺设十字控制板块，然后按照十字控制板块向四周铺设，并随时用2m靠尺和水平尺检查平整度。大面积铺贴时应分段、分部位铺贴。如设计有图案要求时，应按照设计图案弹出准确分格线，并做好标记防止差错（图6-5）。

（8）养护：当花岗岩石材板面层铺贴完应进行养护，面层铺盖一层塑料薄膜，减少砂浆在硬化过程中的水分蒸发，增强石板与砂浆的粘结牢度，保证地面的铺设质量。养护时间不得小于7天。

（9）勾缝：当花岗岩石材板面层的强度达到可上人的时候进行勾缝，应选用同种、同强度等级、同色的掺色水泥膏或专用勾缝膏。颜料应使用矿物颜料，严禁使用酸性颜料。缝要求清晰、顺直、平整、光滑、深浅一致，缝色与石材颜色一致。

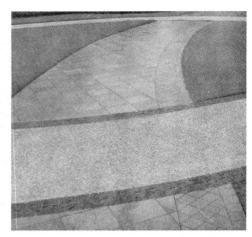

图6-5　铺装后效果

（10）成品保护：铺装完成后，首先清洗完成面，再覆盖薄膜、彩条布；5天内禁止人员踩踏，交付前禁止上车；交叉作业严重的部位需铺设竹胶板。

第四节　园林水电施工

一、园林给排水施工

给水管道按照先上游后下游的顺序，排水管道按照先下游后上游的顺序，对各分项工程流水作业。

（一）给水工程施工方案

1. 施工工艺流程

熟悉施工图→开挖沟槽→铺设管道→水压试验→管道冲洗→验收→回填

2. 主要施工方法及技术要求

（1）材料准备：按图纸要求准备材料。材料要求满足：材料规格、型号，质量应符合设计及规范要求，管材外观镀锌或镀锌层变黑严重，不得使用。钢管内、外壁锈蚀严重、呈重皮、麻点的，需经除锈处理后，降低壁厚标准使用。交联聚乙烯、硬聚氯乙烯、聚丙烯给水管管材同一截面壁厚偏差不得超过1%，内外壁应光滑、平整、无气泡、裂口、裂纹、脱皮及明显的痕疾、凹陷等。

（2）开挖沟槽：开挖沟槽的施工程序是定位放线、挖槽、地沟垫层处理、验收。

1）定位放线：先按施工图测出管道的坐标及标高后，再按图示方位打桩放线，确定沟槽位置、宽度和深度，应符合设计要求，偏差不得超过质量检验标准的有关规定。

2）挖槽：根据给水管的管径确定所挖沟槽宽度：

$$D=d+2L$$

式中，D——沟底宽度（cm）

　　d——水管设计管径（cm）

　　L——水管安装工作面（cm），一般为 30~40cm

　　挖槽可采用机械或人工挖槽，严禁扰动槽底土，机械挖至槽底标高上 10cm 时，余土由人工清理，防止扰动槽底原土或雨水泡槽影响基础土质，保证基础的良好性，土方堆放在沟槽的一侧，土堆底边与沟边的距离不得小于 1.0m。槽底管道覆土深度根据给水管道材质、冰冻深度和外部荷载情况决定，管顶最小覆土深度不得小于土壤冰冻线以下 15cm。北京地区给水管道最小覆土深度一般不小于 0.8m。若特殊情况，深度达不到规范要求，应注意槽底坡度走向或增设泄水井。

　　3）槽底基层处理：要求槽底是坚实的自然土层，如果是松土填成的或槽底是块石都需进行处理，松土层应夯实，块石则需铲掉，再铺一层大于 15cm 厚度的回填土，整平夯实或用黄沙铺平。

　　4）验收：在槽底清理完毕后根据施工图检查管沟坐标、深度、平直程度、槽底基础密实度是否符合要求，如果槽底土不符合要求或局部超挖，则应进行换填处理。可用 3:7 灰土或其他砂石换填，检验合格后进行下道工序。

　　（3）铺设管道：铺设管道的程序包括下管和稳管、管道接口处理。

　　1）下管和稳管：管材、管件及配件符合设计要求，进场必须经验收合格后，方可施工，管道应慢慢落到槽底，每根管需对准中心线，接口的转角符合施工规范要求。

　　2）接口处理：不同材质的管道，其连接方法也不同。管材如果是镀锌钢管，镀锌钢管接口套丝，可采用套丝机套丝提高工作效率，套丝后用刷子刷沥青漆两道，安装时要求槽平整，不允许有架空管道现象，接头连接及时用麻缠好丝口，防止漏水。聚氯乙烯（UPVC）管在室外给水系统中被普遍采用，其连接方式有冷接法和热接法。但由于冷接法无需加热设备，便于现场操作，故在室外绿地给水工程中广泛使用。根据密封原理和操作方法的不同，冷接法又分为胶合承插法和法兰连接法，不同的连接方法的适用条件及选用的连接管件也不相同。

　　（4）水压试验：管道安装完毕后，采取分段打压的形式，基本上保证随做随打，以免影响后序工程，暂定 80~100m 打压一次，应逐步升压，以每次 0.2MPa 为宜，升至工作压力停泵检查，继续升至试验压力，观察压力表 10min 内压降不超过 0.05MPa，管道、附件、接口未渗漏，降至工作压力，进行外观检查，不漏为合格。

　　（5）管道冲洗：分段冲洗或整个系统安装完毕后进行，冲洗前要拆除管道已安装的水表用短管代替，并隔断与其他正常供水管线的联系，冲洗时用高速水流冲洗管道，直至所排出的水无杂质，验收合格后即可。

　　（6）回填：要求回填土过筛，不允许含有有机物或建筑垃圾及大石头等，分层分填，人工夯实，在回填至管顶上 50cm 后，方可用打夯机夯实，每层虚铺厚度控制在 15~20cm，检查井周围用人工夯实（木夯）。

　　（二）排水管道施工方案

　　1. 工艺流程

　　熟悉施工图→开挖沟槽→铺设管道→验收→回填

2. 主要施工方法及技术要求

（1）开挖沟槽的施工程序是定位放线、挖槽、槽底基础处理、验收。

1）定位放线：先按施工图测出管道的坐标及标高后，在按图示方位打桩放线，确定沟槽位置、宽度和深度，应符合设计要求，偏差不得超过质量标准的有关规定。

2）挖槽：采用机械挖槽或人工挖槽，沟槽边坡坡度为 1：0.33，严禁挠动槽底土，机械挖至槽底上 10cm，余土由人工清理，防止挠动槽底原土或雨水泡槽影响基础土质，保证基础的良好性，土方堆放在沟槽的一侧，土堆底边与沟边的距离不得小于 0.5m。

3）槽底基础处理：要求槽底是坚实的自然土层，如果是松土填成的或槽底是块石都需进行处理，松土层应夯实，块石则需铲掉，再铺一层大于 15cm 厚度的回填土，整平夯实或用黄沙铺平。

4）验收：在槽底清理完毕后根据施工图检查管沟坐标、深度、平直程度、槽底基础密实度是否符合要求，如果槽底土不符合要求或局部超挖，则应进行换填处理。可用 3：7 灰土或其他砂石换填，检验合格后进行下道工序。

（2）铺设管道：铺设管道的程序包括管道中线及高程控制、下管和稳管、管道接口处理。

1）管道中线及高程控制：利用坡度板上的中心钉和高程钉，控制管道中心线和高程必须同时进行，使二者同时符合设计要求。

2）下管和稳管：采用人工下管，管道应慢慢落到基础上，应立即校正找直符合设计的高程和平面位置，将管段承口朝来水方向。

3）管道接口处理：水泥砂浆接口，可用于平口管或承插口管。水泥砂浆配比应按设计规定，设计无要求时，可采用水泥：砂子 =1：2.5（重量比），水灰比一般不大于 0.5，砂灰拌好后，装在灰盘内放在平口管或承插口下部，先填下部，由下而上，边填边捣实，填满后用手锤打实，将灰口打满打平为止。

（3）回填：要求回填土过筛，不允许含有有机物或建筑垃圾及大石头等，分层分填，人工夯实，在回填至管顶上 50cm 后，可用打夯机夯实，每层虚铺厚度控制在 15~20cm。

二、园林照明施工

（一）施工工艺流程

放线定位→挖电缆沟槽→预埋盒、箱→敷设管线→沟槽回填→灯具与电器设备安装→电气调试

（二）施工方法

1. 电缆定位放线：先按施工图找出电缆的走向后，按图示方位打桩放线，确定电缆敷设位置、开挖宽度、深度等及灯具位置，以便于电缆连接。

2. 电缆沟开挖：采用人工挖槽，开挖出的土方需堆放在沟槽的一侧。土堆边缘与沟边的距离不得小于 0.5m，堆土高度不得超过 1.5m，堆土时注意不得掩埋消火栓、管道闸阀、雨水口、测量标志及各种地下管道的井盖，且不得妨碍其正常使用。开槽中若遇有其他专业的管道、电缆、地下构筑物或文物古迹等时，应及时与甲方、有关单位及设计部门联系，协同

处理。要求槽底是坚实的自然土层。

3. 电缆敷设：电缆若为聚氯乙烯铠装电缆均采用直埋形式，埋深不低于 0.8m。在过铺装面及过路处均加套管保护。为保证电缆在穿管时外皮不受损伤，将套管两端打喇叭口，并去除毛刺。电缆、电缆附件（如终端头等）应符合国家现行技术标准的规定，具备合格证、生产许可证、检验报告等相应技术文件；电缆型号、规格、长度等符合设计要求，附件材料齐全。电缆两端封闭严格，内部不应受潮，并保证在施工使用过程中，随用、随断，断完后及时将电缆头密封好。电缆铺设前先在电缆沟内铺设不低于 10cm 厚的砂，电缆敷设完成后再铺砂 5cm，然后根据电缆根数确定盖砖或盖板。

4. 电缆沟回填：电缆铺砂盖砖（板）完毕后并经有关方验收合格后方可进行沟槽回填，宜采用人工回填。一般采用原土分层回填，其中不应含有砖瓦、砾石或其他杂质硬物。要求用轻夯或踩实的方法分层回填。在回填至电缆上 50cm 后，可用小型打夯机夯实。直至回填到高出地面 10cm 左右为止。

5. 配电箱安装　包括配电箱基础制作、配电箱安装、配电箱接地装置安装、电缆头制作安装几部分。

配电箱基础制作：首先确定配电箱位置，然后根据标高确定基础高低。根据基础施工图要求和配电箱尺寸，用混凝土制作基础座，在混凝土初凝前在其上方设置方钢或基础完成后打膨胀螺栓用于固定箱体。

配电箱安装：在安装配电箱前首先熟悉施工图纸中的系统图，根据图纸接线。对接头的每个点进行涮锡处理。接线完毕后，要根据图纸再复检一次，确保无误且甲方、监理验收合格后方可调试和试运行。

配电箱接地装置安装：配电箱有一个接地系统，一般用接地钎子或镀锌钢管做接地极，用圆钢做接地导线，接地导线要尽可能的直、短。

电缆头制作安装：导线连接时要保证缠绕紧密以减小接触电阻。电缆头干包时首先要进行涮锡的工作，保证不漏涮且没有锡疙瘩，然后进行绝缘胶布和防水胶布的包裹，既要保证绝缘性能和防水性能，又要保证电缆散热，不可包裹过厚。

6. 灯具安装　包括灯具基础制作、灯具安装、灯具接地装置安装、电缆头制作安装几部分。

灯具基础制作：首先确定灯具位置，然后根据标高确定基础高度。根据基础施工图要求和灯具底座尺寸，用混凝土制作基础座，基础座中间加钢筋骨架确保基础坚固。在浇注基础座混凝土时，混凝土初凝前在其上方放入紧固螺栓或基础完成后打膨胀螺栓用于固定灯具。

灯具安装：在安装灯具前首先对电缆进行绝缘测试和回路测试，对所有灯具进行通电调试，确信电缆绝缘良好且回路正确，无短路或断路情况，灯具合格后方可进行灯具安装。安装后确保灯具竖直，同一排灯具在一条直线上。灯具固定稳固，无摇晃现象。接线安装完毕后检查各个回路是否与图纸一致，根据图纸再复检一次，确保无误后方可进行调试和试运行。重要灯具安装应做样板方式安装，安装完成一套经相关人员检查同意后再进行安装。

灯具接地装置安装：为确保用电安全，每个回路系统都安装一个二次接地系统，即在回路中间做一组接地极，接电缆中的保护线和灯杆，同时用摇表进行摇测，保证摇测电阻值符合设计要求。

7. 电缆井的制作安装　包括电缆井的砌筑、电缆井防水：根据现场情况和设计要求，及图纸指定地点砌筑电缆井，要做到电缆井防水良好、结构坚固。电缆井防水：在电缆过电缆井时要做穿墙保护管，此时要做穿墙管防水处理。先将管口去毛刺、打坡口，然后里外做防腐处理，安装好后用防水沥青或防膨胀胶进行封堵，以保证防水。

8. 接地安装　施工时按照接地分项工程施工工艺标准《电气装置安装工程接地装置施工及验收规范》GB50169—2006和《利用建筑物金属体做防雷及接地装置安装标准图集》03D501—3进行施工。土建结构施工时，严格按照规范和设计要求对结构钢筋进行焊接，钢筋搭接长度双面焊接不小于8cm，单面焊接不小于16cm。特别注意按设计要求做好等电位连接。

9. 电气调试

（1）电气设备安装结束后，对电气设备、配电系统及控制保护装置进行调整试验，调试项目和标准应按国家施工验收规范电气交接试验标准执行。

（2）电气设备和线路经调试合格后，动力设备才能进行单体试车，单体试车结束再进行联动试车，并做好记录。

（3）照明工程的线路，应按电路进行绝缘电阻的测试，并作好记录。

（4）接地装置要进行电阻测试并作好测试记录。

第七章　园林植物养护管理

第一节　园林树木修剪

一、树体结构与枝芽类型

（一）树体结构

完整的树体包括地下部根系，及地上部树冠、主干、主枝、侧枝和小侧枝等。干和主侧枝是树木的基本框架和组成部分，干部支撑整个树冠，枝条上着生叶片。

1. 树冠

主干以上枝叶部分的统称。

2. 主干

是乔木或独干灌木地上部的主轴，上面连接树冠，下面连接根系，通常由两部分组成，从地表面至树冠最下部主枝分枝处称为树干，其垂直高度称为分枝点高。最下部的主枝分枝处以上部分，称为中央领导干。

3. 主枝

主枝是主干上着生的比较粗壮的枝条，是构成树形的主要骨干，主枝上再分布侧枝。距离地面最近的主枝称为第一主枝，依次而上称第二、第三主枝。

4. 侧枝

着生在主枝上适当位置和方向的枝条，粗度和长度小于主枝，从主枝基部最下部发出的枝条称为第一侧枝，依次向上为第二、第三侧等枝。

5. 小侧枝

从侧枝上生出的小枝，是枝条的最后一个分级，上面着生着花芽和叶芽，是植物赏叶、观花和观果的重要部位，也称作花枝组。

（二）枝的类型

1. 依枝干所在位置

依枝干所在的位置分为主干、主枝、侧枝和小侧枝。

2. 依枝的形态及各枝相互关系来分

（1）斜生枝

植株上与水平线有一定角度，向上斜向生长的枝条称为斜生枝，大部分植物的枝条均为斜生枝。

（2）直立枝

植株上直立生长的枝条称为直立枝。

（3）水平枝

水平方向生长的枝条称为水平枝。

（4）下垂枝

顶梢斜向或垂直向下生长的枝条称为下垂枝。

（5）内向枝

枝条向树冠中心伸长生长的称为内向枝。

（6）重叠枝

二枝在同一侧面内，上下重叠生长的称重叠枝。

（7）平行枝

二枝在同一水平面，平行生长的称平行枝。

（8）轮生枝

几个枝条自同一点或相互很近的地方发生、向四周放射状伸展的称轮生枝。

（9）交叉枝

二枝相互交叉生长的称交叉枝。

（10）并生枝

从一节或一芽并生二枝或二枝以上的称并生枝。

3. 依枝条抽生的时期或先后来分

（1）春梢、夏梢和秋梢

早春萌芽抽生的枝条称为春梢；夏季 7~8 月抽出的枝条称为夏梢；秋季抽生的枝条称秋梢。春梢、夏梢和秋梢在当年落叶前统称为新梢。

（2）一次枝、二次枝

冬芽在春季首次萌发抽生的枝条，称为一次枝；当年在一次枝上再次抽生枝条，称为二次枝。

4. 依枝梢生成的时期来分

（1）新梢

新梢是指带有叶片的一年生枝条。

（2）一年生枝、二年生枝

当年抽生的新梢，自落叶后至第 2 年春季发芽前，称为一年生枝；自发芽后至第 2 年春天，即已经生长了 2 年的枝条，称为二年生枝。

5. 依枝的性质来分

依据枝条的性质，可把枝条分为生长枝、徒长枝、成花枝、结果枝。

（1）生长枝

当年生长后不开花，不结果，直至秋、冬也无花芽或混合芽的枝条，称为生长枝（或称发育枝）。

（2）徒长枝

在生长枝中，生长特别迅速、又粗又壮、节间长、含水分多、组织疏松且直立生长的称为徒长枝。内膛直立枝多为徒长枝。

（3）结果母枝或成花枝

一些枝条上的芽为混合芽或花芽，在当年第二次生长期或翌年，从混合芽或花芽中抽生出结果枝或开花枝，称结果母枝或成花枝。这类枝条一般生长较缓慢、组织充实、同化物质积累多。

（4）结果枝

能直接开花结果的枝条称为结果枝。如果结果枝从结果母枝上发生，并在新梢时期能开花结果的称为一年生花枝，如柿树、观赏海棠、苹果等。如果在去年生枝条上直接开花结果，这类枝条称为二年生花枝，如玉兰、梅、桃、杏等，其先开花后展叶。结果枝根据长短分为长花枝、中花枝、短花枝和花束状短花枝。

6.依枝的不同用途来分

（1）更新枝

用于替换衰老枝的新枝条，称作更新枝。

（2）更新母枝

更新枝可从原有枝中选用，也有从选定的母枝上留2~3芽短剪的枝，称更新母枝。用于培养更新枝的枝条。

（3）辅养枝

指辅助树体制造营养的枝条。如幼树修剪时主干上保留的枝条，辅助树体制造养分，促使树干长的充实旺盛。

（三）芽的类型

芽生长季着生于叶腋内，冬季叶片脱落后裸露在外面，分为叶芽、花芽或混合芽，一般春季休眠，翌年春季叶芽或混合芽萌发伸长成枝，花芽或混合芽开花结果。大多数芽的外面都有芽鳞片包被，称为鳞芽，也有少数芽的外面为无芽鳞片包被的裸芽，如核桃和枫杨的雄花芽。

芽有花芽、叶芽、定芽、不定芽、主芽、单芽、复芽等多个名称，且各地叫法不一，往往给整形修剪造成影响，因此园林树木进行修剪时，必须先熟悉掌握芽的特性和形态特征，及叶芽和花芽的区别，以便合理修剪。

1.依芽的性质来分

（1）叶芽

芽萌发后只生枝叶而不能开花，它的外形细瘦且先端尖，鳞片也较窄。

（2）花芽

萌发后只开花的叫花芽，也称作纯花芽。如迎春、连翘、碧桃、榆叶梅等的花芽。

（3）混合芽

有些树种的芽先抽生新梢，再在新梢上开花，这种芽称为混合芽，如丁香、海棠、紫薇等。混合芽和叶芽在外观上差异不明显，往往不易识别，需通过多观察、多实践，逐步掌握每种芽的重要特征。

（4）中间芽

如苹果、海棠、梨的短枝顶端所生叶芽的特殊名称。外观上这类芽似花芽，只要营养丰富，即可变成花芽，否则仍为中间芽。

（5）盲芽（轮痕）

系春秋两季生长之间，顶芽暂停生长时所留下的痕迹，此处很难萌发枝条，故称盲芽或盲节。

2.依芽着生位置来分

（1）定芽

在枝条上有固定的着生位置，如枝条顶端或叶腋。着生于枝的顶端的芽叫顶芽；着生于叶腋间的芽叫腋芽。

（2）不定芽

在根、干或枝条上无固定着生位置的芽称为不定芽。有些树种在受到短截等刺激后，极易萌生不定芽。

3.依芽在叶腋中的位置来分

（1）主芽

生于叶腋中间，最充实饱满的芽称为主芽。主芽可以是叶芽、花芽或混合芽。

（2）副芽

叶腋中主芽以外的芽称作副芽。副芽可以在主芽两侧各生1个或在两个主芽之间各生1个，如山桃、碧桃，榆叶梅、连翘；也可重叠生在主芽上方，如桂花；或在主芽下方潜伏为隐芽，如核桃、枫杨。当主芽受损时，副芽则能萌发代替主芽生长。

4.以芽的着生方式来分

（1）单芽

一节上仅生一个饱满的芽，副芽极微小或没有副芽，外观上一节看似只有一芽，称作单芽。

（2）复芽

一节上具有大小相等的二个以上的芽，称作副芽，根据实际数量分为双芽、三芽和四芽。复芽一般由叶芽和花芽组合而成，有的为左右并列生长的并生芽，如碧桃、山杏、榆叶梅、迎春、连翘等；有的为上下垂直着生的叠生芽，如皂荚、小紫珠、海州常山等。连翘花芽较多，有时并生芽和叠生芽同时存在于同一枝条。

5.依芽的萌发情况来分

（1）活动芽

枝条上的芽在萌发期能及时萌动的称活动芽。顶芽和花芽为活动芽。

（2）隐芽

枝条上的叶芽形成以后，其中一部分副芽在萌发期仍依原状潜伏，再待机会萌发，这种芽称作隐芽，也叫潜伏芽或休眠芽。枝条中下部和基部的叶芽因营养供给不足，大部分不能萌发，呈隐芽状态。桃花等树种的隐芽寿命最短，大多数潜伏 1 年已失去发芽力；梅花、柿树、悬铃木等树种的隐芽可潜伏 10 余年，遇到刺激均可萌发，这类树种如遇到树体衰老，可随时通过回缩大枝等方式进行树体更新。

二、修剪时期

（一）冬季修剪

又称休眠期修剪，是指树木落叶后至翌年早春树液开始流动前的这段时间进行的修剪，北京一般是 12 月份至第二年 2 月份。国槐、白蜡、栾树、毛白杨、旱柳、垂柳等大多数落叶树种均可在休眠期进行修剪。紫薇、木槿、棣棠、月季等抗寒力差的树种，最好在早春树液流动后进行修剪，以免伤口受风寒伤害。

冬季修剪的目的是培养树体骨架和枝组，疏除多余的枝条和芽，使养分集中在主要的枝条和芽上，促使组织充实。同时疏除老弱枝、伤残枝、病虫枝、交叉枝和徒长枝，保持树形饱满，主侧枝分布均匀。

（二）夏季修剪

夏季修剪是在早春萌芽后至树体停止生长前进行的修剪，又称生长期修剪，北京一般指 3 月份至 10 月份。观花类树木夏季修剪一方面是抑制营养生长，促进花芽分化，另一方面是及时疏除残花，积存营养供再次开花。行道树夏季主要是控制竞争枝、内膛枝、直立枝、徒长枝的发生和长势，促进主要骨干枝的旺盛生长。绿篱夏季修剪主要是保持高度一致、外形整齐。

有些抗寒力弱的树种生长季修剪宜早些进行，促使早发新枝，当年生枝条在停止生长前组织充实，提高抗寒能力。白桦、元宝枫、黄栌等易流胶树种可在树体旺盛生长的夏季修剪，此时有利于伤口快速愈合。

三、修剪程序

树木修剪程序概括为：一知、二看、三剪、四拿、五处理、六保护。

1. 一知

坚持上岗前培训，使每个修剪人员知道修剪操作规程、规范及每次（年）修剪的目的和特殊要求，包括每一种树木的生长习性、开花习性、结果习性、树势强弱、树龄大小、周围生长环境、树木生长位置（行道、庭荫等）、花芽多少等都在动手前讲清楚、看明白、然后再进行操作。

2. 二看

修剪前应绕树 1~2 圈，观察待修剪树木大枝分布是否均匀、树冠是否整齐、大枝及小枝的疏密程度。根据对树木，"一知"情况，再看上一年修剪后新生枝生长强弱、多少，决定今年修剪时，留哪些枝条，决定采用短截还是疏枝，是轻度还是重度，做到心中有数后，再爬上树进行修剪操作。必要时可在待剪枝条上做好标记，以免错剪。

3. 三剪

按照操作规范、修剪顺序和质量要求进行合理修剪。

4. 四拿

修剪下的枝条要及时清理并集中运走，保证环境整洁。

5. 五处理

枝条要求及时处理，如粉碎、深埋、药剂熏蒸等防止病虫蔓延。

6. 六保护

剪口要平滑，并及时涂抹防腐剂，防治腐烂病、干腐病发生。疏除靠近树干大枝时，要保护皮脊（主枝靠近树干粗糙有皱纹的膨大部分），在皮脊前下锯，伤口小，愈合快。

四、修剪方法

（一）截干

指对树干、粗大主枝或骨干枝进行截断的措施。常用于大树移植、树体衰弱或枝干损伤严重，但萌芽发枝力强的树种。如国槐、悬铃木在 2000～2010 年期间移植使用较为普遍。

（二）疏枝

又称疏剪，是将枝条自基部全部剪除。生长季的抹芽、去蘖、摘叶也属于疏枝。疏枝的对象是细弱枝、过密枝、病虫枝、交叉枝、伤残枝、枯枝、萌蘖枝及影响树形的一切枝条。疏枝的作用是使枝条分布均匀，加大空间，改善通风透光条件，保持树冠下部不空脱，有利于树冠内部枝条生长发育，更利于花芽分化。疏除一些大强枝和多年生枝条时，因伤口过大，一般会削弱伤口以上部位枝条的生长势，增强伤口以下部位枝条的长势。疏除粗大轮生枝（卡脖枝）要逐年进行。

对于粗大的枝条，多用锯进行。要求锯口平齐，不劈不裂。锯除粗大的树枝时，为避免锯口处劈裂，可先在确定锯口位置的地方，在枝条方向先锯一切口，深度为枝条粗度的 1/5~1/3（枝干越成水平方向，切口就越应深些），然后再在锯口上向下锯断，可防劈裂。也可分两次锯，先在确定锯口处，向前 15~30cm 处，按上法锯断。然后确定锯口处下锯。修平锯口，断面超过 2cm 的伤口要及时涂防腐剂。

（三）短截

短截是指将一年生枝条剪去一部分的修剪方法。根据短截长度的不同分为轻短截、中短截、重短截、极重短截和回缩 5 种。

1. 轻短截

剪去枝条顶梢，即剪去枝条长度的 1/5~1/4。轻短截适用于花果树强修剪，通过剪去顶梢，分散枝条养分，促进下部多数不饱满叶芽的萌发，形成短枝，增加次年花果量。

2. 中短截

剪到枝条中部或中上部饱满叶芽处，即剪去枝条长度 1/3~1/2。中短截剪口处芽子饱满健壮，修剪后易萌发更多营养枝，适用于弱枝复壮，及骨干枝、延长枝的培养。

3. 重短截

剪到枝条下部半饱满芽处，即剪去枝条长度的 2/3~3/4。重短截剪口下芽偏弱，修剪后能萌发 1~2 个旺盛营养枝，适用于弱树、老树、老弱树的复壮更新。

4. 极重短截

修剪时仅保留枝条基部 2~3 个芽。紫薇、珍珠梅冬末春末萌芽前常采用此方修剪，剪口芽下的干瘪芽能萌发 1~3 个短、中枝，有时也会萌发旺枝，成为当年的开花枝。

5. 回缩

回缩指剪去多年生枝条的一部分，是广义的短截。回缩一方面能促进基部老枝更新复壮，另一方面可抑制顶端优势。树木多年生长，株行距过密或修剪方法不当，造成枝条都集中树冠最上部分，下部形成光腿，用回缩修剪方法，促使下部萌发新枝。苹果、梨等果树，当主枝选择数量达到要求，树体又过高后，常通过截顶降低高度，这种截顶其实就是一种回缩更新方法。

6. 短截修剪注意事项

修剪各级骨干枝的延长枝时，应注意选择健壮的叶芽。剪口芽的正确修剪是：剪口斜切面与芽方向相反，其上端与芽端相齐，下端与芽腰部齐，剪口面不大，利于水分养分对芽供应，剪口芽不会干枯，很快愈合，芽也会抽梢良好。

剪口芽的方向是引领伸长枝生长的方向。根据树冠整形要求和实际环境条件，决定留芽方向。一般垂直生长的干短截留芽与上一年方向相反，保证延长枝不偏离主轴，侧方斜生枝剪口芽留外侧或树冠空疏处的芽。水平生长的枝，短截时应选留向上生长的芽。

（四）去蘖

去除植株根际处、树干上、剪口处，或嫁接砧木上萌蘖枝的修剪。萌蘖条未木质化前，可用手自基部掰除；木质化的萌蘖条要使用剪刀剪除，以免损伤树皮。榆叶梅、碧桃等易滋生根蘖，要贴地表剪去，不留木桩。

（五）抹芽

在萌芽初期，徒手把多余的芽从基部抹除。抹芽可去除枝干多余的芽子，减少树体不必要的营养消耗，保证健壮生长。有时为抑制顶端优势，延迟发芽期，可抹除顶芽，使副芽或隐芽萌发代替主芽。

（六）摘心

将新梢顶端幼嫩部分摘除，也称卡尖或掐尖。摘心可增加分枝数，使枝芽充实，促进花芽分化。摘心也是花卉经常使用的修剪方法，如一串红、大丽菊的培育，通过摘心可促生更多侧枝和花量。

（七）摘叶

带叶柄将叶片剪除。生长季移植阔叶落叶树种可在修剪的基础上适时摘除一部分叶片，减少植株蒸腾，提高移栽成活率。观花植物可通过摘叶达到控制花期的目的，如连翘、榆叶梅早春开花，为了使花期控制在国庆期间，可于 8 月中旬摘除植株一半的叶片，9 月初摘除剩余全部叶片，同时加强肥水管理，国庆期间则应时开放。

休眠期修剪常用的方法有截干、疏枝、短截；生长期常通过疏枝、去蘖、抹芽、摘心、摘叶等方法进行修剪。

五、修剪的顺序

修剪应遵循乔木树种先上后下、先内后外，先剪除大枝后剪除小枝的顺序进行。灌木类修剪先修剪内部，后修剪外侧。球类、绿篱和色块修剪时应由外向内进行。

六、修剪时注意事项

（1）操作时思想集中，不打闹谈笑，上树前不许饮酒。

（2）每个作业组，由实践经验丰富的工人担任安全质量检查员，负责安全、技术指导、质量检查及宣传工作。

（3）按规定穿好工作服、戴好安全帽、系好安全绳和安全带等。

（4）上大树梯子必须牢固，要立得稳，单面梯将上部横档与树身捆住，人字梯中腰栓绳，角度开张适当。

（5）上树后系好安全绳，手锯绳套拴在手腕上。

（6）5级以上大风不可上树。

（7）截除大枝要由有经验的老工人指挥操作。

（8）公园及路树修剪，要有专人维护现场，树上树下互相配合，防止砸伤行人和过往车辆。

（9）有高血压及心脏病者，不准上树。

（10）修剪工具要坚固耐用，防止误伤或影响工作。

（11）修完一棵树后，不准从此棵树跳到另一棵树上，必须先下树，再上另一棵树。

（12）在高压线附近作业，要特别注意安全，避免触电，需要时请供电部门配合。

（13）多人同在一株树上修剪，要有专人指挥，注意协作，避免误伤同伴。

（14）使用高车修剪前，要检查车辆部件，要支放平稳，操作过程中，有专人检查高车情况，有问题及时处理。

第二节　园林树木常用树形修剪

园林树木常根据树种特性、栽植环境、配植需求而修剪成不同的形状，也就是树形。

一、杯状形

该树形无中心主干，仅有相当一段高度的树干，自树干上部分生 3 个主枝，呈均匀分布状态，3 个枝各自再分生 2 个枝而成 6 个枝，再从 6 枝各分生 2 枝即成 12 枝，即所谓"3 股 6 杈 12 枝"的树形。这种分枝规则有序、整齐美观，且树冠内不允许有直立枝和向内枝，一经发现必须立即剪除。杯状形在城市行道树和果树中极为常见，如碧桃和上有架空线的槐树常修剪为此树形。

二、自然开心形

由杯状形改进而来，自然开心形无中心主干，中心也不空，但分枝较低，3 个主枝分布有一定间隔，自主干上向四周放射而出，中心又开展，故为自然开心形。但主枝分枝不为二叉分枝，而为左右相互错落分布。因此树冠不完全平面化，并能较好地利用空间，冠内阳光通透，有利于开花结果。在园林中的碧桃、榆叶梅、石榴等观花、观果树木常修剪为此树形。

三、尖塔形或圆锥形

该树具有明显的中央领导干，主干是由顶芽逐年向上生长而成。主干自下而上发生多数主枝，下部长，逐渐向上缩短，树冠外形呈尖塔形或圆锥形。园林中，雪松、水杉等在整形修剪中广泛应用此形。

四、圆柱形或圆筒形

有中心主干，且为顶芽逐年向上延长而形成。自近地面的主干基部向四周均匀地发生许多主枝，而主枝长度自下向上相差甚少，故整个树形几乎上下同粗，如龙柏、圆柏、杜松、柱形桧柏、新疆杨等为此形。

五、圆球形

圆球形的主要特点是主干上分生多数主枝，主枝分生侧枝，各级主侧枝分布密集且相互错落排开，叶幕较厚，绿化效果较好，园林中广泛应用。大叶黄杨、小叶黄杨、小叶女贞、球形龙柏等常修成此形。

六、灌丛形

主干不明显，每丛自基部留主枝十几个，其中保留 1~3 年生主枝 3~4 个，每年剪除 3~4 个老主枝进行更新复壮，目的保持主枝常新而强健，形成大量花芽，每年有花供观赏。连翘、黄刺玫、珍珠梅、棣棠、锦带等常修剪为灌丛形。

七、自然馒头形

有一定主干，幼树长到一定高度时短截，在剪口下选留 4~5 个强健枝作主枝，主枝间有一定距离，各占一定方向，不交叉、不重叠。翌年对主枝进行短截，促发萌生更多侧枝，利于扩大树冠，并适当疏除部分侧枝，保证枝条相互错开，以便充分利用空间，整个树形最后呈半圆形或馒头形。馒头柳常修剪为此形状。

八、疏散分层形

果树上常用此方法进行修剪，如苹果、梨、海棠等中心干逐段合成，主枝分层，第一层三主枝，第二层二主枝，第三层一主枝。此形因主枝较少，层次排列不密，光线通透，利于开花结果。

九、伞形

有明显主干，所有侧枝扭转弯曲，小枝下垂生长；逐年修剪时由上方芽继续向外延伸扩大树冠，远观如一把撑开的伞，观形效果好。如龙爪槐、垂枝榆等常修剪为此形。

第三节　低温对植物的危害

北京地区冬季严寒、干燥、多风，使一些耐寒力差的树种的枝、芽局部干枯，严重者甚至死亡，这就是树木的冻害。树木冻害与树种、树龄、生长势、当年生枝条的成熟度等自身因素，及气温、光照、土壤、地形地势、管护措施等外在因素有关。树木遭受冻害时，应根据受害特点多方位进行分析，找出冻害原因，并制定相关防护措施。

一、外界条件对树木耐寒性的影响

（一）低温

低温是树木遭受冻害的关键因素。随着温度升高，植物体内几乎所有生命活动都会旺盛起来；温度降低则会使树木生命活动变得迟缓，超过临界点时，树木则会表现为枝条或叶片失水或干枯。

树木受害的程度与低温到来的时间有关，当低温到来早且突然，树体本身还没经过抗寒锻炼，防寒措施还未采取，此时很容易发生冻害。如北京 2009 年 11 月 1 日突降大雪，气温骤降 10 余度，导致部分树种如雪松、悬铃木、女贞、石榴、马褂木等枝条和叶片遭受冻害，幼龄、树势弱雪松植株死亡，有些石榴地上部全部冻死，翌年从根部滋生出了蘖条。

冻害与降温速度和升温速度也有关系，骤然降温植物受冻害的程度要重于缓慢降温。降温后温度回升过快，植物遭受冻害也会更严重。

（二）光照

光照充足，树木光合作用旺盛，树体积累的也多，可增强树木的耐寒力。

（三）土壤水分

土壤水分能促进树木快速生长，但秋季如果水分过多，则不利于提高树木抗寒性。秋季水分过多容易造成树木秋梢快速生长，枝条组织不充实，导致抗寒力差。秋季适当干旱的土壤可使树木适时停止生长，促进休眠，有利提高抗寒力。因此北京地区应做好雨季排水，并根据情况，秋季停止灌水或少灌水。

（四）土壤养分

树体抗寒力的强弱与土壤养分比例是否适当、供应是否正常有关，某些营养元素过量或者贫乏，则会影响植物的抗寒能力，尤其以秋季过量施用氮素影响较为明显。秋季是树木缓慢生长期，正常生长的枝条会随着温度降低，组织越来越充实，但如果此时土壤中氮肥施用过多，则会促进枝条迅速生长，消耗大量碳水化合物，降低木质化程度，不利于树木抵御寒冷。秋季施用钾肥有利于枝条组织充实，可提高树木抗寒力。

（五）地势与坡向

地势、坡向和栽植位置影响树木的抗寒性。北京一些观赏好但抗寒性稍差的雪松、蜡梅、梅花等，初引入时一般栽植在阳坡或背风向阳的小气候环境，提高越冬抗寒力。

二、低温危害部位

（一）根系冻害

因根系无自然休眠，抗冻能力较差，靠近地表的根系常易发生冻害，尤其冬季少雪、干旱的砂土地更易受冻。如春天树枝已发芽，但过一段时间，突然死亡，多因根系受冻所造成。因此冬季要做好根系越冬保护工作。

（二）根颈冻害

根颈在年生长周期中早春解除休眠和开始生长较早，但秋季停止生长最晚，因此抗寒性较低；同时靠近地表处温度变化大，所以根颈易受低温和较大变温的危害，使皮层受冻。

（三）主干冻害

由于早春温差大，干部组织随着日晒温度增高而活动，夜间温度剧降而使主干受冻纵裂，称为冻裂；另一方面，随着初冬气温突降，木质部产生应力将树皮撑开，细胞间隙结冰而产生的张力也可造成裂缝。

（四）枝杈冻害

枝杈冻害是低温或温差过大引起的，主要原因是进入休眠期较晚，输导组织发育不充实。枝杈冻害主要发生在分枝处向内的一面，表现为皮层变色并坏死凹陷，或顺干垂直下裂。有的会造成导管破裂而发生流胶现象。发生枝杈冻害的原因是此处年轮窄，导管不发达，养分供应不良，营养积存少，导致抵御严冬的能力差。同时，枝杈处易积雪，化雪后浸润树皮，使组织变得松软，随后一旦再遭遇低温就会受冻害。

（五）枝条冻害

冬季以成熟枝条的形成层抗寒性最强，皮层次之，木质部和髓部抗寒性最差。枝条发生冻害多以局部冻伤，受冻部分最初稍变色下陷，不容易发现，用刀撬开后如果皮部已经变为褐色，则以后逐年干枯死亡，尤其在经过一个生长周期后更加明显。如果冻害不伤及形成层，还有可能恢复。

（六）花芽冻害

花芽是抗冻能力较弱的器官，有些植物花芽受轻微冻害就会导致内部器官受害，比较容易受害的是雌蕊。花芽的受害症状同枝条，也是内部变为褐色，但从外表不易发觉，初受冻害表现为芽鳞松散，后期干缩不萌发。花芽冻害多发生在春季气候回暖时期，花芽抗寒力低于叶芽，顶花芽抗寒性低于腋花芽。

三、常用的防寒措施

（一）灌冻水

晚秋植物进入休眠期到土地封冻前，灌足一次冻水，北京 11 月下旬为宜，至 12 月初全部浇灌完。冬季封冻以后植物根系周围就会形成冻层，根系不受外界气温骤变影响而一直维持恒温；同时冻水可增加土壤湿度，防止植物在多风干冷的冬季"抽条"。

（二）覆土

在 11 月中、下旬土壤封冻前，将枝干柔软、树体低矮的灌木压倒覆土，或先盖一层树叶，再覆 40~50cm 的细土，轻轻拍实。这种方法不仅防冻，也能保持枝干温度，防止"抽条"。

（三）根部培土

冻水灌完后结合封堰，在植物根部培直径 80~100cm、高 40~50cm 的土堆，防止根系冻伤，也可减少土壤水分的蒸发。边缘植物及耐寒性稍差的雪松、月季、石楠等，新植玉兰、石榴、紫薇、马褂木、玉兰等，及 8 月份以后定植的大乔木和宿根地被植物，结合浇灌冻水及时培土防寒。

（四）搭设风障

造成冻害的主要因素是低温，其次是低温下干燥的大风吹袭枝条，容易引起枝条失水而干枯死亡。搭设风障位置在需保护植物的西北上风口方向，高度超过植株高度。风障支架根据树木胸径、高度来定，规格偏大的植株用铁或钢材焊接，小规格和花灌木一般用木棍或竹竿固牢，防止大风吹倒。风障的材料常用无纺布、塑料布。

为了减少冻害和防止融雪剂、化雪盐冬季对大叶黄杨、小叶黄杨等常绿苗木的伤害，一般通过搭风障来进行保护，先搭设高于苗木的骨架，然后用无纺布将苗木全部覆盖保护。

（五）涂白喷白

树干石灰涂白一方面可以起到保温作用，减少温差骤变对树体的危害；另一方面可有效阻隔腐烂病、干腐病、溃疡病、流胶病等病菌感染，并能阻碍树皮内的害虫越冬和产卵；再者整齐划一涂白具有一定的观赏作用。涂白喷白材料常用石灰加石硫合剂。

（六）春灌

早春土地开始解冻时要及时灌水，也就是平常说的"返春水"，保持土壤湿润，解除根系休眠，以供给树木足够的水分，防止春风吹袭使树木干旱"抽条"，也就是常说的生理干旱。

（七）培月牙形土堆

在冬季土壤冻结，早春干燥多风的北方地区，有些树种虽然耐寒，但易受冻旱的危害而出现枯梢。于土壤封冻前，在树干北面培一高 30~40cm 的月牙形土堆，便于早春挡风增温，促进根系提早吸水和生长，避免发生冻旱。

（八）缠绕树干

新植和不耐寒苗木可用草绳、无纺布或麻袋片等缠绕主干和部分主枝来防寒，如紫薇主干和主枝、玉兰主干近几年缠干方法使用较广范。此方法省时省工，节约成本。

四、北京需采取防寒措施的主要树种

北京冬季寒冷干燥，早春多风，有些边缘树种栽植初期需要采取一定的防寒措施，有些树木需要每年防寒保护。

（一）栽植初期需防寒的树种

雪松、龙柏、水杉、柿树、樱花、梧桐、玉兰、石榴、木槿、紫荆、牡丹、凌霄等新植苗木，树势处于恢复初期，抵御寒冷的能力稍弱，前三年尽量采取防寒措施，保证苗木安全越冬。其中柿树、石榴在2009年极端天气，胸径10余公分的大树地上部分全部受冻干枯，因此应做好极端天气的应急保护方案。

（二）每年需防寒的树种

紫薇每年都会更新修剪，当年生枝条抗寒性弱，冬季如果修剪，一定要采取重剪，剪后做好防寒；月季如果冬季修剪，剪后也要防寒，或者冬季不修剪，早春萌动前进行修剪。

元宝枫、栾树、君迁子、小叶朴等虽为北京乡土树种，但3年生以下小苗根系分布较浅，抗寒能力弱，冬季需采取培土或假植方式进行防寒。

第四节　树木养护的其他措施

树木养护措施除了上述介绍的浇水、排水、施肥、修剪、防寒外，还包括病虫害防治、中耕除草、围护隔离、看管巡查等；新植苗木管护初期有时需要树体支撑、搭设遮阳网、挂施营养液、喷施抗蒸腾剂、埋设透气管、摘除叶片等。

一、病虫害防治

苗木病虫害以预防为主，及时防治。组织专人进行周期性现场巡视，加强病虫害检查，发现病虫害及时采取防治措施，死亡苗木一经发现立即清理。

每年定期在初春和初秋进行一次药水喷洒，喷洒时必须尽量成雾状，叶片附药均匀，喷药范围应互相衔接，不得出现空白喷不到的地方。喷洒药水的使用应符合相关规定和技术规程。

为消灭病原、虫原，修剪完毕的枝条、松果以及枯枝落叶等及时进行清理，彻底杀灭越冬害虫的虫卵。

苗木移植后在晚秋时节及时进行树干涂白处理，以有效杀灭各种霉菌、虫卵。

（一）病害防治

落叶苗木经常进行枯枝修剪，干枯褶皱树皮进行适当清理刮除；常绿乔木进行留橛修剪，宿存松果在晚秋时节进行摘除。

白粉病、黑斑病高发时期，应注意提前预防。对于物种间相克易产生的梨桧锈病、苹桧锈病等病害，相克物种应保持一定的栽植距离。

（二）虫害防治

各种灭虫措施相结合，综合防治，保证无蛀干害虫的虫卵、活虫，叶片上无虫粪、虫网。

晚秋时节，针对将虫卵产于树干、干枯褶皱的树皮中过冬的害虫，其未完成产卵过程之前，进行树干缠绕草绳，使其将卵产于草绳内，待翌年幼虫即将爬上树体之前，将草绳焚毁以杀灭害虫。

在晚冬早春时节，可在树干处缠绕光滑塑料宽带或专门的防虫保护带，阻隔蚜虫、草履蚧等具有上下树迁移习性的害虫，避免其危害苗木。

二、中耕除草

杂草滋生会与树木争夺水分养分。特别是新植树木、花卉、草坪中的杂草，不但影响植物正常生长，而且杂草丛生，高矮、色泽不齐，影响观瞻。所以要及时清除绿地、树下的杂草。当然，对于一些郊野性的公园、绿地，对野草不必完全清除。但在生长旺盛期应及时控制高度。

三、树体支撑

大规格新植苗木因为树冠大，根系不够扎实，容易出现摇晃，即便带土球移植的苗木，移植后也容易被风吹动。因此，大规格苗木栽植后浇水前应及时支撑。

支撑部位依树高而定，高度要保持一致、整齐美观，多在树高的1/3~1/2分支点以上位置。支撑点一般先用软材料保护，防止损失树皮；支撑杆的底部应有固定牢固。

支撑方法很多，一般着重点在栽植点下风向。有1根支柱、2根支柱、3根支柱及4根支柱等多种方法。支撑一定要稳固，栽植1年后根据苗木的生长情况及时拆除支撑材料。

四、搭设遮阳网

春季新植的常绿树或夏季栽植的针阔叶树，为减少蒸腾过盛对树体伤害，保持树体水分平衡，栽植初期应适当遮荫，遮荫度控制在60% ~ 70%，让树体接收部分散射光，维持正常的光合作用。

五、挂施营养液

新植树木或树木生长过程中表现出叶片变小、发黄等营养不良时，可通过挂施营养液的方法补充树体生长和树势恢复所需养分和水分，属根外施肥的一种。营养液主要成分为N、P、K及微量元素，配置树木专用输液针头，直接通过木质部运输至植物各个部位，相比根施效果更快。一般胸径10cm挂施500mL，钻孔1个；胸径每加粗5cm增加500mL。吊注结束后，用专用伤口保护剂堵孔促愈合；再次吊注需重新打孔。

六、喷施抗蒸腾剂

非正常季节栽植树木或针叶树木树势表现衰弱，应立即对树冠喷施蒸腾抑制剂，也可对树冠进行喷水或喷雾。将蒸腾剂稀释适宜的倍数，整株喷施。对树干可采用喷施蒸腾抑制剂和缠草绳的组合处理，以减少树干水分的散失。

七、围护隔离

大部分植物喜欢生长在疏松肥沃、透气性好的土壤中，但由于城市人口密集，建筑垃圾和石灰渣土的混入已使土壤密实度逐渐增加，再加上人为踩踏，土壤板结越来越严重，影响油松、白皮松、雪松、银杏、玉兰等喜松透土壤树种的生长，尤其百年以上的古油松、古银杏，通常因土壤过于密实而导致树体衰弱，严重者甚至死亡。因此，应通过用绿篱或围栏的围护和隔离，减少行人踩踏，加强人流较大区域不耐密实土壤树体的保护。围护或隔离材料应注意与周边植物的搭配，突出主要景观，不妨碍观赏视线，绿篱应适当低矮一些；围篱的造型和花色要简单朴素，不要喧宾夺主。

八、看管巡查

为了保护绿地内植物健康生长，不受人为损害，各绿地除了配有专业技术员外，还应设看管和巡查工作人员。主要目的一是看护所管绿地，发现支撑破损，及风障骨架活动、损坏及棚布破损的，及时进行加固和修补；宣传保护绿地、爱护树木的有关法规，增强游人保护意识；发现有损坏树木的现象及时劝阻制止，严重者交城管部门处理。二是与电力、电信、交通、城建等市政单位配合协作，保护植物的同时要保证其他单位的正常工作，搞好城市全方位建设。三是检查道路绿地树枝劈裂、病虫害发生情况，发现问题及时报告上级处理。

第八章　植物保护

第一节　园林植物保护基础知识

一、昆虫基础知识

昆虫属于节肢动物门昆虫纲，是动物界中最为繁盛的 1 个类群，研究表明，地球上的昆虫可能达 1000 万种，约占全球生物多样性的一半。目前已经被命名的昆虫在 102 万种左右，占动物界已知种类的 2/3。

（一）昆虫的命名

昆虫名称有拉丁学名、中文学名和俗名。拉丁学名常采用林奈的双名法。双名法即昆虫种的学名由两个拉丁词构成，第一个词为属名，第二个为种本名，如国槐尺蠖 *Semiothisa cinerearia* Bremer et Grey，俗名称为吊死鬼。分类学著作中，学名后面还常常加上定名人的姓。但定名人的姓氏不包括在双名法内。学名印刷时常用斜体，以便识别。

（二）昆虫纲的基本特征

昆虫的种类很多，由于对不同生活环境和生活方式的长期适应，其身体结构也发生了多种多样的变化。科学意义上的昆虫是成虫期具有下列特征的一类节肢动物。

1. 体躯由若干环节组成，这些环节集合成头、胸、腹 3 个体段（图 8-1）。

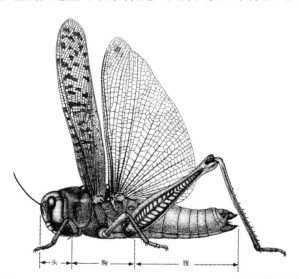

图 8-1　东亚飞蝗 *Locusta migratoria manilensis* (Meyen)，昆虫的基本构造（彩万志图）

2. 头部是取食与感觉的中心，具有口器和触角，通常还有复眼及单眼。

3. 胸部是运动与支撑的中心，成虫阶段具有 3 对足，一般还有 2 对翅。

4. 腹部是生殖与代谢的中心，其中包括着生殖系统和大部分内脏，无行走用的附肢。

昆虫在生长发育过程中，通常要经过一系列内部及外部形态的变化才能变成性成熟的个体。另外，还需要指出的是，并非所有在特定时期内具有 3 对足的动物都是昆虫，如一些蛛形纲、倍足纲和寡足纲的初龄幼虫就具有 3 对足。

（三）外部形态

1. 头部

头部是昆虫体躯的第一个体段，由数个体节愈合而成；头壳坚硬，以保护脑和适应取食时强大的肌肉牵引力。头壳表面着生有触角、复眼与单眼，前下方生有口器。

触角是昆虫的主要感觉器官，昆虫的触角主要功能是嗅觉、触觉与听觉，其表面具有很多不同类型的感觉器，在昆虫的种间和种内化学通信、声音通信及触觉通信中起着重要的作用。一般雄性昆虫的触角较雌性昆虫的触角发达，能准确地接收雌性昆虫在较远处释放的性信息素。

根据触角的形状、长度、结构等将触角分为 12 个基本类型：刚毛状、丝状、念珠状、棒状、锤状、锯齿状、栉齿状、羽状、肘状、环毛状、具芒状、鳃状。

复眼和单眼是昆虫的主要视觉器官。复眼是昆虫最重要的一类视觉器官，能辨别出近距离的物体，特别是运动着的物体。昆虫的单眼包括背单眼和侧单眼两类，它们只能感受光线的强弱与方向而无成像功能。

口器又叫取食器，昆虫因食性及取食方式的分化，形成了不同类型的口器。其中与园林关系密切的有：咀嚼式口器、刺吸式口器、虹吸式口器、锉吸式口器、嚼吸式口器、舐吸式口器。

2. 胸部

胸部是昆虫体躯的第 2 段，由前胸、中胸及后胸 3 个体节组成。各节具 1 对足，分别称前足、中足和后足。大多数有翅亚纲昆虫的中、后胸上有 1 对翅，分别叫前翅和后翅。胸部的演化主要围绕运动功能进行。

大部分昆虫的足是适于行走的器官，由于生活环境的不同，足的功能与形态出现了一些变化，根据其结构与功能，可把昆虫的足分为不同的类型，常见的类型有 8 种（图 8-2）：步行足、跳跃足、捕捉足、开掘足、游泳足、抱握足、携粉足、攀握足。

昆虫是动物界中最早获得飞行能力的类群，同时也是无脊椎动物中唯一具翅的类群，飞行能力的获得是昆虫纲繁盛的重要因素之一。根据翅的形状、质地与功能可将翅分为不同的类型，常见的类型有 9 种：膜翅、毛翅、鳞翅、缨翅、半覆翅、覆翅、半鞘翅、鞘翅、棒翅。

3. 腹部

腹部是昆虫体躯的第 3 个体段，也是最后一个体段。腹部内部包藏着主要的内脏器官及生殖器官，其进化主要围绕着新陈代谢及生殖作用而进行。昆虫的腹部大多近纺锤形或圆筒形，常比胸部略细，以近基部或中部最宽，但也有一些奇特的形状。

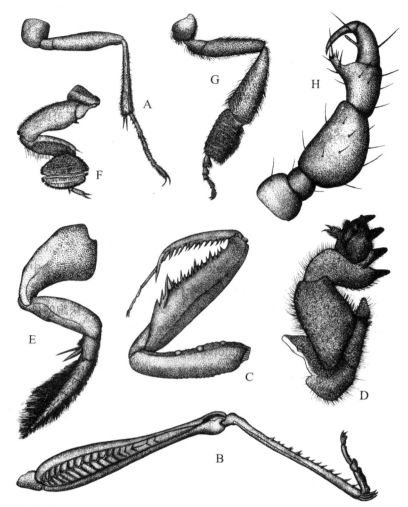

图 8-2　昆虫胸足的基本类型（摘自彩万志等主编的《普通昆虫学（第 2 版）》）
A—步行足；B—跳跃足；C—捕捉足；D—开掘足；E—游泳足；F—抱握足；G—携粉足；H—攀握足

（四）昆虫的分类

　　界、门、纲、目、科、属、种是分类的 7 个主要阶元。昆虫的分类地位为动物界、节肢动物门、昆虫纲。昆虫共分为 35 个目，与园林植物密切相关的常见昆虫目有以下几种类型。

　　1. 鳞翅目

　　蝶类和蛾类均属于此目。成虫体和翅上密被鳞片，形成各种颜色和图形。成虫口器虹吸式，幼虫口器咀嚼式。

　　2. 鞘翅目

　　前翅鞘质，后翅膜质。口器咀嚼式。本目中的害虫如金龟子、天牛、小蠹虫等；益虫如瓢虫等。

3. 同翅目

该目昆虫全为植食性，以刺吸式口器吸食植物汁液，许多种类可以传播植物病毒病。蚜虫、介壳虫、粉虱和叶蝉均属于此目。

4. 直翅目

体小至大型。口器为典型的咀嚼式。翅通常 2 对，前翅窄长，加厚成皮革质，称为覆翅，后翅膜质。如蝗虫、蝼蛄等。

5. 膜翅目

翅膜质，透明，两对翅质地相似。口器咀嚼式或嚼吸式。本目中的害虫如叶蜂、茎蜂等；益虫如赤眼蜂、肿腿蜂、周氏啮小蜂和姬蜂等。

6. 双翅目

成虫只有 1 对发达的膜质前翅，后翅特化为棒翅。口器刺吸式、刮吸式或舐吸式。如潜叶蝇、食蚜蝇、菊瘿蚊等。

7. 缨翅目

体小型至微小型，2 对翅为缨翅。口器锉吸式。如蓟马。

（五）昆虫生物学

1. 昆虫的生殖方法

昆虫生殖从不同的角度可以分为不同的类型。

（1）依据受精机制，可分为：两性生殖与孤雌生殖。

（2）依据产生后代的个数，可分为：单胚生殖（一个卵产生一个体）、多胚生殖（一个卵可产生两个以上的个体）。

（3）依据产生后代的虫态，可分为：卵生（子代离开母体的虫态为卵）、胎生（子代离开母体的虫态为若虫或幼虫）。

2. 昆虫的发育与变态

（1）昆虫个体发育

除孤雌生殖的种类外，昆虫的个体发育包括胚前发育、胚胎发育和胚后发育 3 个阶段。

（2）昆虫的变态

昆虫的个体发育过程中，特别是在胚后发育阶段要经过一系列的形态变化，即变态。

根据各虫态体节数目的变化、虫态的分化及翅的发生等特征，可将昆虫的变态分为 5 大类：增节变态、表变态、原变态、不全变态、全变态。

全变态类昆虫一生经过卵、幼虫、蛹和成虫 4 个不同的虫态，如国槐尺蠖等。

不全变态这类变态又称直接变态，只经过卵期、幼期和成虫期 3 个阶段，如蝗虫、蝼蛄等。

3. 昆虫的世代及生活史

（1）世代

昆虫的新个体（卵、幼虫、若虫、稚虫）自离开母体到性成熟产生后代为止的发育过程叫生命周期，通常称这样的 1 个过程为 1 个世代。

（2）生活史

指一种昆虫在一定阶段的发育史。生活史常以1年或1代为时间范围，昆虫在1年中的生活史称年生活史或生活年史，而昆虫完成一个生命周期的发育史称代生活史或生活代史。

各种昆虫世代的长短和一年内所能完成的世代数有所不同，如蚜虫一年发生10多代，国槐尺蠖一年发生4代。同一种昆虫因受环境因子的影响，每年的发生代数有所不同，如黏虫在中国东北北部每年发生2代，在华北大部分地区每年3～4代，而在华南地区每年多达6代。

（3）休眠和滞育

在昆虫生活史的某一阶段，当遇到不良环境条件时，生命活动会出现停滞现象以安全度过不良环境阶段。这一现象常和盛夏的高温及隆冬的低温相关，即所谓的越夏或夏眠和越冬或冬眠。根据引起和解除停滞的条件，可将停滞现象分为休眠和滞育两类。

休眠是由不良环境条件直接引起的，当不良环境条件消除后昆虫马上能恢复生长发育的生命活动停滞现象。有些昆虫需要在一定的虫态或虫龄休眠，如东亚飞蝗均在卵期休眠；有些昆虫在任何虫态或虫龄都可以休眠，如小地老虎在我国江淮流域以南以成虫、幼虫或蛹均可休眠越冬。由于不同虫态的生理特点不同，在休眠期内的死亡率也就不同。因此，以何种虫态休眠在一定程度上会影响后来昆虫种群的基数。

滞育是由环境条件引起的，但通常不是由不良环境条件直接引起的，当不良环境条件消除后昆虫也不能马上恢复生长发育的生命活动停滞现象。引起滞育的外界生态因子主要是光周期、温度、湿度、食物等，内在因子为激素。

4. 昆虫的习性

习性是昆虫种或种群具有的生物学特征，亲缘关系相近的昆虫往往具有相似的习性。主要有食性、活动的昼夜节律、趋性、群集性、假死性等。

（1）食性

食性就是取食的习性。昆虫多样性的产生与其食性的分化是分不开的。根据昆虫食物的性质，可分为植食性、肉食性、腐食性、杂食性。根据食物的范围，可将食性分为单食性（如国槐小卷蛾）、寡食性（如双条杉天牛）、和多食性（如日本龟蜡蚧、温室白粉虱）。

（2）昼夜节律

昆虫的活动在长期的进化过程中形成了与自然中昼夜变化规律相吻合的节律，即生物钟或昆虫钟。绝大多数昆虫的活动，如飞翔、取食、交配等等均有固定的昼夜节律。我们把在白天活动的昆虫称为日出性或昼出性昆虫（如绝大多数蝶类），把夜间活动的昆虫称为夜出性昆虫（如绝大多数蛾类），把那些只在弱光下（如黎明时、黄昏时）活动的则称弱光性昆虫。

（3）趋性

趋性就是对某种刺激有定向的活动的现象。根据刺激源可将趋性分为趋热性、趋光性、趋化性、趋湿性、趋声性等。根据反应的方向，则可将趋性分为正趋性和负趋性（即背向）两类。

了解昆虫的趋性可以帮助我们管理昆虫，如人们利用昆虫的趋性可以采集标本，检查检疫性昆虫，进行害虫和天敌的预测预报，诱杀害虫等活动。

（4）群集性

昆虫的群集性指同种昆虫的大量个体高密度地聚集在一起的习性。许多类昆虫具有群集习性，根据聚集时间的长短可将群集分为临时性群集和永久性群集两类。临时性群集指只是在某一虫态和一段时间内群集在一起，过后就分散的现象，如瓢虫具群集越冬习性。永久性群集指终生群集在一起，如蜜蜂。

（5）假死性

假死是指昆虫在受到突然刺激时，身体蜷缩，静止不动或从原停留处突然跌落下来呈"死亡"之状，稍停片刻又恢复常态而离去的现象。

二、病害基础知识

（一）植物病害的概念与类型

1. 植物病害的概念

植物在生长发育过程中由于受到病原生物的侵染或不良环境条件的影响，其影响或干扰强度超过了植物能够忍耐的限度，植物正常的生理代谢功能受到严重影响，产生一系列病理学变化过程，在生理和形态上偏离了正常发育的植物状态，有的植株甚至死亡，造成显著的经济损失，这种现象就是植物病害。

2. 病因

引起植物偏离正常生长发育状态而表现病变的因素。植物发生病害的原因是多方面的，大体上可分为3种：①植物自身的遗传因子异常。②不良的物理化学环境条件。③病原生物的侵染。

3. 植物病害的类型

按照病因类型来区分，植物病害分为两大类：

（1）侵染性病害：有病原生物因素侵染造成的病害。因为病原生物能够在植株间传染，因而又称传染性病害。侵染性病害的病原生物种类有真菌、藻物、细菌、病毒、寄生植物、线虫和原生动物等。

（2）非侵染性病害：没有病原生物参与，只是由于植物自身的原因或由于外界环境条件的恶化所引起的病害，这类病害在植株间不会传染，因此称为非侵染性病害或非传染性病害。按病因不同，非侵染性病害还可分为：①植物自身遗传因子或先天性缺陷引起的遗传性病害或生理病害。②物理因素恶化所致病害。③化学因素恶化所致病害。

（二）植物病害的症状

症状是植物受病原生物或不良环境因素的侵扰后，植物内部的生理活动和外观的生长发育所显示的某种异常状态。

植物病害的症状表现十分复杂，按照症状在植物体显示部位的不同，可分为内部症状与外部症状两类；在外部症状中，按照有无病原物出现可分为病征与病状两种。非特指情况下对症状的术语使用并不严格，通常都称为症状。

1. 病状类型

植物病害病状变化很多，但归纳起来有5种类型，即变色、坏死、萎蔫、腐烂和畸形。

2. 病征

病征和病状都是病害症状的一部分，病征只有在侵染性病害中才有出现，所有的非侵染性病害都没有病征出现。一般来说，在侵染性病害中，除了植物病毒病害和植原体病害在外表不显示任何特殊的病征之外，其他的侵染性病害在外表有时可见到多种类型的病征，尤其是菌物类病害和寄生植物所致病害最为明显。在条件适宜时，大多数菌物侵染引起的病部表面，先后可产生一些病原物的子实体等。为了便于描述，可以将这些病征分别称为下列不同的病征类型：①霉状物或丝状物；②粉状物或锈状物；③颗粒状物；④垫状物或点状物；⑤索状物；⑥菌脓或流胶。

三、有害生物综合防治

植物保护是研究植物的有害生物——病原物、害虫和杂草等的生物学特征、发生发展规律和防治方法的一门科学。

20世纪40年代后，植物有害生物的防治基本上是以化学防治占主导地位。1972年美国环境质量委员会提出了"Integrated Pest Management（简称IPM）"有害生物综合治理的概念。1975年，由农林部召开的全国植物保护工作会议上，将"预防为主，综合防治"确认为我国植物保护的工作方针。综合防治是以农业生产的全局和农业生态系的总体观点出发，以预防为主，充分利用自然界抑制病虫的因素和创造不利病虫发生为害的条件，有机地使用各种必要的防治措施，经济、安全、有效地控制病虫害，以达到高产、稳产的目的。目前，"预防为主，综合防治"仍是我国的植保工作方针，但其内涵已经有了很大提高，与国外IPM的发展基本接轨。在1986召开的第二次全国植物保护学术研讨会上，我国植保专家给有害生物综合治理（IPM）下了如下定义：有害生物综合治理是一种农田有害生物种群管理策略和管理系统。它从生态学和系统论的观点出发，针对整个农田生态系统，研究生物种群动态和相联系的环境，采用尽可能相互协调的有效防治措施，并充分发挥自然抑制因素的作用，将有害生物种群控制在经济损害水平以下，并使防治措施对农田生态系统内外的不良影响减少到最低限度，以获得最佳的经济、生态和社会效益。综合防治是对有害生物进行科学管理的体系。它从农田生态系统的总体出发，根据有害生物和环境之间的相互关系，充分发挥自然因素的控制作用，因地制宜地协调应用多种必要措施，将有害生物控制在经济允许危害水平以下，以期获得最佳的经济、社会和生态效益。

（一）植物检疫

检疫是根据国际法律、法规对某国生物及其产品和其他相关物品实施科学检验鉴定与处理，以防止有害生物在国内蔓延和国际间传播的一项强制性行政措施。植物检疫是植物保护总体系中的一个重要组成部分，它作为预防危险性植物病虫传播扩散措施已被世界各国政府重视和采用。

植物检疫的主要措施：①划分疫区；②建立无危险性病、虫、杂草的种子种苗繁育基地；

③产地检疫；④调运植物检疫；⑤市场检疫；⑥国外引种检疫；⑦办理植物检疫登记证；⑧疫情的扑灭与控制。检疫处理的方法大体上有四种，即退回、销毁、除害和隔离检疫。

为防止检疫性、危险性林业有害生物的入侵和传播蔓延，保护首都生态环境，根据《中华人民共和国森林法》和国务院《植物检疫条例》等法律、法规的规定，结合北京市实际情况，制定了《北京市林业植物检疫办法》。本市行政区域内林业植物及其产品的检疫活动，应当遵守《北京市林业植物检疫办法》。例如：林业植物种苗繁育基地、母树林、花圃、果园的生产经营者，应当在生产期间或者调运之前向当地林检机构申请产地检疫。对检疫合格的，由检疫员签发《产地检疫合格证》；对检疫不合格的，签发《检疫处理通知单》。

我国十分重视植物检疫工作，根据国内外的植物检疫性有害生物的状况，制订了针对不同目的的植物检疫性有害生物名单，并适时进行必要的调整和修订。

（二）园艺防治

园艺防治是指在掌握园林生态系统中植物、环境（土壤环境和小气候环境）和有害生物三者相互关系的基础上，通过改进栽培技术措施，有目的地创造有利于植物生长发育而不利于有害生物发生、繁殖和危害的环境条件，以达到控制其数量和危害，保护植物的目的。

园艺防治所包括内容总的可分为栽培防治和植物抗性品种利用两个方面。

（三）物理防治

物理防治又称物理机械防治，是指根据有害生物的某些生物学特性，利用各种物理因子、人工或器械防治有害生物的植物保护措施。常用方法有人工和简单机械捕杀、温度控制、诱杀、阻隔分离以及微波辐射等。物理防治见效快，常可把病虫消灭在盛发期前，也可作为害虫大量发生时的一种应急措施。

物理防治技术包括：①热力法（高温杀（病）虫、低温杀（病）虫）；②汰选法（如用手选较大的种苗）；③阻隔法（如围环阻止草履蚧上树）；④辐射法；⑤趋性的利用（如灯光诱杀、食饵诱杀、潜所诱杀、其他诱杀或驱赶方法等）。

（四）生物防治

生物防治是一门研究利用寄生性天敌、捕食性天敌以及病原微生物来控制病、虫、草害的理论和实践的科学。

害虫生物防治领域不断扩大，近年来，由于病虫防治新技术的不断发展，如利用昆虫不育性（辐射不育、化学不育、遗传不育）及昆虫内外激素、噬菌体、内疗素和植物抗性等在病虫防治方面的进展，从而扩大了生物防治的领域。

（五）化学防治

植物化学保护是应用化学农药来防治害虫、害螨、病菌、线虫、杂草及鼠类等有害生物和调节植物生长，保护农、林业生产的一门科学。

在植物保护措施中，化学保护即化学防治，由于其具有对防治对象高效、速效、操作方便，适应性广及经济效益显著等特点，因此，在有害生物的综合防治体系中占有重要地位。但在应用大量农药的同时，也出现了农药综合症，即害虫产生了抗药性、次要害虫上升为主要害虫引起害虫再猖獗、农药残留问题，也就是当今世界上的"3R"问题。有害生物抗药性治理是通过时间与空间大范围限制农药的使用，从而达到保存有害生物对农药的敏感性来维持农药的有效性。目前一般采取的主要措施如下：①采用综合防治措施；②合理用药与采取正确的施药技术；③交替轮换用药；④混合用药；⑤间断用药。

根据有害生物的特性、发生、发展的基本规律及农药的选择性，合理选用农药品种、剂型；要针对病、虫、草害的发生情况，掌握适宜的用药时期；采用适当的剂量与施药技术；从事农药工作的人员应熟悉有关内容，并严格遵守，以防中毒事故的发生。在农药使用中还要特别注意对环境，特别是园林生态的影响，不可随意进行大剂量、大面积、全覆盖式施药，以防过量的农药残留对园林、水域、地下水的污染，更要避免因大量杀伤非靶标生物而严重破坏园林生态环境。总之，要利用一切有利因素，控制不利因素，科学、合理、适时、有效、安全地使用农药，尽量减少对生态环境的影响，提高投入、收益比例。

第二节　主要害虫识别与防治

一、食叶性害虫

1. 黄杨绢野螟

属鳞翅目，螟蛾科，又名黄杨黑缘螟蛾。

分布与危害：分布于北京、河北、山东、江苏等地。幼虫危害大叶黄杨、小叶黄杨、雀舌黄杨、冬青和卫矛等。严重危害时，整株树叶被食殆尽，树冠上仅剩丝网、残叶和碎片，加之黄杨木生长缓慢，再生能力差，往往枯萎死亡。

形态特征：成虫体长 20 ~ 30mm。前翅前缘和外缘、后翅外缘均有黑褐色宽带，翅中央白色，前翅近前缘中部有白色"肾形斑"1 个。卵扁椭圆形，初产时淡黄色，孵化前黑褐色。老熟幼虫体长约 35mm，头部黑褐色，胸、腹部黄绿色，背线深绿色，两侧为淡黄绿色及青灰白色带。各节有黑褐色瘤突。蛹初期翠绿色，后渐变为黄白色（图 8-3）。

生物学特性：1 年发生 2 代，以幼虫在缀叶中越冬。翌年 3 月下旬至 4 月上旬越冬幼虫开始活动危害。5 月上旬危害盛期，5 月中下旬在缀叶中化蛹。成虫有趋光性，卵多产于叶背。幼虫喜食新梢和嫩叶，具有吐丝结巢的习性，将数片叶用丝缀合成巢，导致叶片不能正常生长。第 1 代幼虫危害期为 6 月中旬至 7 月下旬，第 2 代危害严重，危害期于 7 月下旬至 9 月上旬。9 月中下旬幼虫越冬。

防治方法：

（1）结合冬剪，清除越冬虫源。

（2）人工捕杀缀叶结巢的幼虫和蛹。

（3）使用诱虫杀虫灯监测诱杀成虫。

（4）幼虫期，利用除虫脲、烟参碱等药剂喷雾防治。

图 8-3a　黄杨绢野螟成虫

图 8-3b　黄杨绢野螟幼虫

图 8-3c　黄杨绢野螟蛹

图 8-3d　黄杨绢野螟危害状

2. 中国绿刺蛾

属鳞翅目，刺蛾科，又名双齿绿刺蛾。

分布与危害： 全国分布。食性杂，危害枣、悬铃木、槭、桑、杨、柳、榆、海棠、樱花等。

形态特征： 成虫体长约 10mm，体和前翅绿色，外缘及缘毛黄褐色，后翅淡黄色。卵扁椭圆形。老熟幼虫体长约 17mm，绿色，背线为天蓝色，两侧为杏黄色宽带。各体节上均有4 个瘤状突起，丛生粗毛，在中、后胸背面及腹部第 6 节背面上的刺毛为黑色。蛹黄褐色。茧扁椭圆形，淡灰褐色，紧贴于树皮（图 8-4）。

生物学特性： 1 年发生 1 代，以老熟幼虫在枝干上或浅土中结茧越冬。6 月中下旬成虫羽化，成虫昼伏夜出，有趋光性。卵产于叶背。幼虫幼龄期群集，长大即分散危害叶片，造成叶片缺刻或孔洞。幼虫危害期分别为 6 月下旬至 7 月下旬、8 月下旬至 9 月下旬。

防治方法：

（1）冬春季节，人工清除虫茧，消灭越冬幼虫。

图 8-4a　中国绿刺蛾成虫

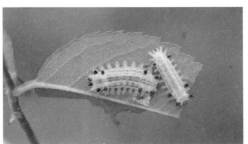

图 8-4b　中国绿刺蛾幼虫

（2）低龄幼虫期，摘除虫枝、虫叶。

（3）使用诱虫杀虫灯监测诱杀成虫。

（4）幼虫期，采用灭幼脲、除虫脲、高渗苯氧威等进行防治。

（5）保护和利用天敌。

3. 杨扇舟蛾

属鳞翅目，舟蛾科，又名白杨天社蛾。

分布与危害： 全国分布，以三北地区发生较为严重。幼虫危害杨、柳等，对树木生长影响极大，具有突发性危害。

形态特征： 成虫灰褐色，前翅顶角部分有1个深灰褐色的扇形斑，雌成虫体长15～20mm，雄成虫体长13～17mm。卵扁圆形，初产为黄绿色，后逐渐变为橙红色和黑褐色。幼虫腹部第1和第8节背面中央各有1个较大的红黑色或枣红色瘤，老熟幼虫体长32～40mm。蛹褐色，臀棘呈倒"锚"状。茧灰白色，椭圆形（图8-5）。

生物学特性： 一年发生4代，后期世代重叠，以蛹在树皮裂缝、落叶和土壤中结薄茧越冬，其他世代幼虫多在叶苞内化蛹。成虫昼伏夜出，趋光性强，卵多产于叶背，多为单层片

图 8-5a　杨扇舟蛾成虫

图 8-5b　杨扇舟蛾卵块

图 8-5c　杨扇舟蛾卵块

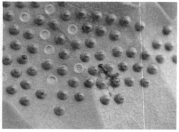

图 8-5d　杨扇舟蛾卵块及初孵幼虫

图 8-5e　杨扇舟蛾幼虫

图 8-5f　杨扇舟蛾幼虫

图 8-5g　杨扇舟蛾幼虫群集危害状

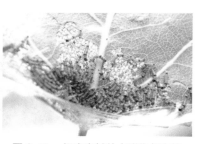

图 8-5h　杨扇舟蛾幼虫群集危害状

图 8-5i　杨扇舟蛾虫苞

图 8-5j　杨扇舟蛾蛹

图 8-5k　杨扇舟蛾危害状

状。初孵幼虫群集取食叶肉，2 龄后缀叶成苞，3 龄后分散危害，但仍缀叶成苞，白天潜伏，晚上取食，幼虫多由树冠上部向下部危害。9 月下旬至 10 月上中旬（第 4 代）易出现灾害。

防治方法：

（1）人工摘除卵块和虫苞，消灭虫源。

（2）利用诱虫杀虫灯监测诱杀成虫。

（3）低龄幼虫期，使用杨扇舟蛾病毒、灭幼脲、除虫脲；高龄幼虫期，使用高效氯氟氰菊酯、甲氨基阿维菌素苯甲酸盐、烟参碱等喷雾防治。

（4）保护和利用天敌，如赤眼蜂等。

4. 蔷薇叶蜂

属膜翅目，三节叶蜂科，又名玫瑰三节叶蜂、"黄腹虫"等。

分布与危害：分布于北京、山东、河南等地。幼虫危害月季、蔷薇、黄刺玫、玫瑰、月月红和十姐妹等。危害严重时，常常把叶片吃光。

形态特征：成虫体长约 8mm，头、胸和足黑色。翅黑色，半透明，且有金属蓝光泽，腹部橙黄色。卵椭圆形，淡黄绿色。老熟幼虫体长 22mm，体黄绿色，体背有黑褐色突起。

图 8-6a　蔷薇叶蜂成虫

图 8-6b　蔷薇叶蜂雌成虫产卵状

图 8-6c　蔷薇叶蜂刻槽与卵

图 8-6d　蔷薇叶蜂往年产卵痕

图 8-6e　蔷薇叶蜂低龄幼虫及危害状

图 8-6f　蔷薇叶蜂幼虫及危害状

图 8-6g　蔷薇叶蜂幼虫及危害状

图 8-6h　蔷薇叶蜂幼虫及危害状

蛹褐色。茧椭圆形，灰黄色（图 8-6）。

生物学特性：北京 1 年发生 2 代，世代重叠，以老熟幼虫在土中结茧越冬。5 月成虫羽化飞出，羽化后当天可交尾。雌成虫用镰刀状的产卵器在新梢上刺成纵向裂口，在其内产卵数粒，卵排列成"八"字形。初孵幼虫群集于嫩叶上危害，昼夜取食，有自相残杀和转移危害习性。严重时可将叶片蚕食一光，仅留叶柄和主脉。幼虫共 4 龄，3 龄前体呈翠绿色，4 龄幼虫身体各节出现黑褐色瘤状突或斑点。幼虫危害期为 6～9 月，10 月老熟幼虫一般在深 5cm 左右的土中结茧越冬。

防治方法：

（1）结合残花修剪，及时剪除卵枝并烧毁，清除枯枝落叶。

（2）成虫发生期，使用烟参碱等喷雾防治。

（3）低龄幼虫期，使用高效氯氟氰菊酯、高渗苯氧威等喷雾防治。

（4）保护和利用天敌。如姬蜂、中华大螳螂和蜘蛛等。

二、刺吸性害虫

1. 日本龟蜡蚧

属同翅目，蚧科。

分布与危害：全国分布，食性杂，危害枣、柿树、柳、苹果、悬铃木、蔷薇、海棠、石榴和黄杨等。该虫繁殖力很强，受害严重的新梢及叶背中脉往往被虫体所覆盖，刺吸汁液，并引起煤污病，导致树势衰弱，甚至枯死。

形态特征：雌虫体卵圆形，紫红色，背面隆起，体表被一层很厚的白色蜡壳，蜡壳长 3～4.5mm。雄成虫棕褐色，体长 1～1.4mm，前翅膜质透明，雄蜡壳白色，星芒状，中间为一长椭圆形突起的蜡板，周围有 13 个放射状排列的大形蜡角，蜡壳长 1.5～2mm。卵椭圆形，初产时橙黄色，近孵化时紫红色。初孵若虫体扁平、椭圆形，红褐色；孵化后 15 天左右，体背泌出雪白色的葵花状蜡壳（图 8-7）。

生物学特性：一年发生 1 代，以受精雌成虫在枝

图 8-7a　日本龟蜡蚧成虫

图 8-7b　日本龟蜡蚧雌若虫

图 8-7c　日本龟蜡蚧雄若虫　　　图 8-7d　日本龟蜡蚧雌若虫被寄生　　　图 8-7e　日本龟蜡蚧若虫腹面

条上越冬。5月下旬至7月上旬为越冬代雌成虫产卵期，卵产于母体下。6月中旬至8月上旬为若虫期，初孵若虫沿枝条爬行到叶柄或叶面危害，固定取食后开始分泌蜡质，逐渐形成星芒状蜡壳。至若虫3龄初期，雄性蜡壳仅增大加厚，雌性形成龟甲状蜡壳。雄若虫至化蛹都固定在叶片上不动，雌若虫则在两次脱皮及转变为成虫的脱皮后有向枝条迁移的能力，其中以蜕皮为成虫后是向枝条迁移的高峰，雌虫回枝危害一段时间，10月下旬开始越冬。雄成虫羽化后当日即可爬行或飞到枝条上寻雌交尾，交尾后死亡。

防治方法：

（1）及时剪除过密枝和有虫枝。

（2）寄主休眠期，枝干喷洒石硫合剂，防治越冬成虫。

（3）使用高渗苯氧威、噻虫嗪、螺虫乙酯等药剂喷雾防治初孵若虫。

（4）保护和利用天敌，如黑盔蚧长盾金小蜂、蜡蚧褐腰啮小蜂、日本食蚧蚜小蜂、红点唇瓢虫、黑背唇瓢虫和黑缘红瓢虫等。

2.温室白粉虱

属同翅目，粉虱科，俗称"小白蛾子"。

分布与危害：全国分布。危害菊花、蜀葵、一串红、一品红、天竺葵、大丽花、扶桑等。造成枯梢、黄叶、落叶、不能开花，严重时植株死亡，并可导致霉污病。

形态特征：

成虫体长约1mm，体浅黄色或浅绿色，翅被白色蜡质粉，复眼红色。卵形似朝天椒，具柄。若虫体扁平，椭圆形，黄绿色，半透明。蛹椭圆形，白至淡绿色，半透明，外观立体，边缘垂直并有蜡丝（图8-8）。

生物学特性：北京1年发生9代，世代重叠，室外不能越冬，但在塑料大棚、温室内，各种虫态均可越冬。繁殖最适温度为25℃左右。可进行两性或孤雌生殖。成虫有趋黄性，喜欢在嫩叶上危害及产卵，繁殖能力强，中午气温高时

图 8-8　温室白粉虱成虫

飞翔能力强。卵多产于叶背。初孵幼虫在叶背作短暂爬行，之后固定在叶背刺吸危害，幼虫共 4 龄。

防治方法：

（1）严格实施检疫，如有发现及时处理。

（2）利用成虫趋黄性，进行黄板诱杀。

（3）危害期，采用吡虫啉或啶虫脒等药剂防治。

（4）保护和利用天敌，如中华草蛉、丽蚜小蜂等。

3. 梨冠网蝽

属半翅目，网蝽科，又名"军配虫"。

分布与危害： 全国分布。危害海棠、梨、月季、蜡梅、梅花、樱花、泡桐、杨、桃和苹果等。主要以成虫、若虫群集在叶背主脉两侧刺吸为害，被害叶片正面褪绿，叶面呈黄白斑点，背面有黑褐色虫粪和分泌物，使整个叶背呈黄褐色锈斑，引起早期落叶。

形态特征： 成虫体长约 3.5mm，扁平，翅上布满网状纹，静止状态翅上的黑褐色斑呈"X"形。卵长椭圆形，似香蕉状，初产浅绿色。若虫体形似成虫，无翅，3 龄后有翅芽，腹部两侧有数个刺突（图 8-9）。

生物学特性： 北京 1 年发生 4 代，以成虫在枯枝落叶、翘皮缝、杂草及土石缝中越冬。梨树展叶时，成虫开始活动。危害时间较长，7～8 月危害最重，世代重叠严重。成虫多产卵于叶背叶脉两侧的叶肉内，产卵处附有黄褐色胶状物。

防治方法：

（1）及时清除枯枝落叶和杂草，刮除树干的翘皮，减少虫源。

（2）越冬成虫出蛰盛期和若虫孵化盛期，使用吡虫啉、噻虫嗪、甲氨基阿维菌素苯甲酸盐等喷雾防治。

（3）保护和利用天敌，如日本军配盲蝽、草蛉等。

图 8-9a　梨冠网蝽成虫　　　　图 8-9b　叶片正面受害状　　　　图 8-9c　叶片背面受害状

4. 山楂叶螨

属真螨目，叶螨科，俗称山楂红蜘蛛。

分布与危害： 国内分布较广。危害植物种类较多，如山楂、海棠、樱花、碧桃、红叶李、榆叶梅、贴梗海棠以及核桃、槐树、柳、泡桐、毛白杨、木槿等植物。该螨多在叶背栖息危害，刺吸叶片汁液。被害叶初期出现褪绿斑点，后逐步扩大成褪绿斑块。危害严重时，整张叶片发黄，干枯，造成大量落叶、落花和落果，抑制植物生长，甚至影响花芽分化。

形态特征：雌螨体卵圆形，背隆起，体长 0.54～0.59mm，越冬型（滞育型）为鲜红色，有光泽，非越冬型为暗红色。雄螨体菱形，体长 0.31～0.43mm，末端略尖，浅绿色。卵圆球形，半透明。初孵幼螨体近圆形，未取食前为淡黄白色，取食后为黄绿色，足 3 对，蜕皮后成为若螨，足 4 对（图 8-10）。

生物学特性：一年可发生 10 多代，以受精雌成螨在树皮裂缝、树干基部土缝、杂草或落叶层中越冬。翌年春季，当树芽开始萌动和膨大时，越冬雌成螨开始出蛰。产卵高峰与苹果、梨的盛花期基本吻合。卵产于叶背主脉两侧或蛛丝上下。该螨以两性生殖为主，也可进行孤雌生殖。7～8 月危害严重。高温、干旱和通风不畅有利于其发生。

防治方法：

（1）雌成螨越冬前，树干绑草绳诱集，早春取下集中烧毁；冬季刮除老翘树皮，清除枯枝落叶和杂草，消灭越冬螨。

（2）早春花木发芽前，使用石硫合剂等喷雾防治越冬成螨。

（3）发生危害期，使用炔螨特、氟螨嗪、唑螨酯、螺螨酯等进行化学防治。

（4）保护和利用天敌，如瓢虫、塔六点蓟马、小花蝽、草蛉、捕食螨等。

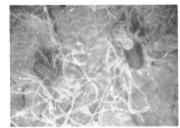　　

图 8-10a　山楂叶螨成螨　　　图 8-10b　山楂叶螨成螨与卵　　　图 8-10c　山楂叶螨危害状

三、蛀食性害虫

1. 双条杉天牛

属鞘翅目，天牛科。

分布与危害：国内分布较广。幼虫蛀食危害侧柏、桧柏、扁柏、龙柏、罗汉松等，是柏树的一种毁灭性蛀干害虫。幼虫蛀食韧皮部、木质部，轻者枯梢，重者整株死亡。

形态特征：成虫体长 9～15 mm。体型扁，黑褐色。前胸背板上有 5 个光滑的小瘤突。鞘翅上有 2 条棕黄色或驼色横带。卵椭圆形似稻米粒，白色。初龄幼虫淡红色，老熟幼虫体长 22mm，乳白色，圆筒形，扁粗，无足，头部黄褐色。蛹离蛹，淡黄色（图 8-11）。

生物学特性：北京一年发生 1 代，少数两年 1 代，多以成虫越冬。翌年 2 月下旬成虫咬孔外出，3 月下旬至 4 月上旬为成虫发生盛期。成虫不需补充营养。晴天活动，飞翔能力较强。成虫活动适温为 14～22℃，10℃以下不再活动。成虫对衰弱柏树的气味较为敏感。卵多产于树皮裂缝和伤疤处。初孵幼虫蛀入树皮后，先危害韧皮部，同时把木质部表面蛀成弯

图 8-11b 双条杉天牛卵

图 8-11c 双条杉天牛幼虫

图 8-11a 双条杉天牛成虫　　　　图 8-11d 桧柏受害状　　　　图 8-11e 树干受害状

曲不规则的坑道，坑道内充满黄白色粪屑。受害后树皮易于剥落。5月下旬进入木质部危害。

防治方法：

（1）严格检疫，杜绝带虫树木的调进及调出。

（2）加强水肥管理，提高树势；及时清除并处理被害木及折断枝干。

（3）成虫发生期，使用诱液或饵木监测诱杀成虫。

（4）春季大规格苗木移植，应进行药剂喷干（封干），消灭枝干上的卵和初孵幼虫。

（5）保护和利用天敌，如释放肿腿蜂、蒲螨，招引啄木鸟等天敌进行防治。

2. 国槐小卷蛾

属鳞翅目，卷蛾科，又称国槐叶柄小蛾。

分布与危害： 分布于华北、西北等地。危害国槐、龙爪槐、蝴蝶槐等。幼虫蛀食复叶基部、花穗及果荚（槐豆）。受害后，复叶萎蔫下垂悬于树冠外围，遇风脱落，严重影响树木生长，降低城市绿化效果。

形态特征： 成虫体长 5mm，体黑褐色，胸背和翅基部有蓝色闪光鳞片。卵扁椭圆形。幼虫体长约 9mm，圆柱形，黄色，有透明感，头部深褐色。蛹黄褐色，臀刺 8 根（图 8-12）。

生物学特性： 一年发生 3 代，以幼虫在果荚、枝条内或树皮裂缝等处越冬。成虫发生期分别在 4 月下旬至 6 月上旬、6 月中旬至 7 月底、8 月上旬至 10 月上旬。成虫有较强的趋光性。卵多产于叶背，其次产于小枝或嫩枝伤疤处。初孵幼虫从叶柄基部蛀入，被害处有胶状物和黑色丝状物堆积。幼虫具转移危害习性。幼虫期分别为 6 月上旬至 7 月下旬、7 月中旬至 9 月下旬。7 月份以后世代不整齐，8 月中下旬槐树果荚形成后，幼虫转移到果荚内为害，9 月即可见到被害槐豆变黑，10 月上旬大多数幼虫进入越冬状态。

图 8-12a 国槐小卷蛾成虫

图 8-12b 国槐小卷蛾幼虫及危害状

图 8-12c 国槐小卷蛾侵入孔及危害状

图 8-12d 国槐小卷蛾侵入孔及危害状

图 8-12e 国槐小卷蛾侵入孔及危害状

图 8-12f 龙爪槐受害状

防治方法：

（1）结合秋冬修剪，剪除槐豆。夏季修剪被害小枝，对第2代害虫的发生有一定控制作用。

（2）利用诱虫杀虫灯、性信息素诱芯等监测诱杀成虫。

（3）幼虫危害期，使用高压注射机注射吡虫啉、甲氨基阿维菌素苯甲酸盐等防治。

（4）保护和利用天敌，如蒲螨、益鸟等。

3. 松梢螟

属鳞翅目，螟蛾科，又名微红梢斑螟。

分布于危害：分布很广。危害油松、雪松、白皮松、华山松、樟子松、云杉等梢部枝条，也危害球果；常造成被害枝梢枯黄、弯曲、下垂、死亡。

形态特征：成虫体长 10～16mm，灰褐色，前翅暗灰褐色，中室端有一肾形白斑，前翅面上有 3 条明显灰白色波状横带。后翅灰白色。卵椭圆形，黄白色。老熟幼虫体长约 25mm，头部与前胸背板赤褐色，体为淡褐或淡绿色。各节散生对称的褐色毛片 10 个。蛹长椭圆形，黄褐色，羽化前为黑褐色（图 8-13）。

生物学特性：1 年发生 2 代，以幼虫在被害枯梢、球果和枝干伤口皮下越冬。翌年 3 月下旬～4 月上旬越冬幼虫开始活动，在被害梢内继续向下蛀食，一部分转移危

图 8-13a 松梢螟成虫

图 8-13b 松梢螟幼虫

图 8-13c 松梢螟老熟幼虫及蛀道

图 8-13d 松梢螟蛹

图 8-13e 松梢螟蛀孔口

图 8-13f 松梢螟危害状

图 8-13g 松梢螟危害状

图 8-13h 球果受害状

害新梢,新梢被蛀后,呈钩状弯曲。5月上旬老熟幼虫在被害梢内化蛹。5月下旬成虫羽化,成虫有趋光性,需补充营养。卵散产于嫩梢针叶上或叶鞘基部,也有的产卵于被害梢的枯黄针叶凹槽处、被害球果以及树皮伤口上。初龄幼虫爬行迅速,寻找新梢危害,啃咬梢皮,被啃咬处有松脂凝结,之后逐渐蛀入髓心,蛀孔口常有大量蛀屑和虫粪堆积。主要危害直径0.8~1cm的中央顶梢,或其他嫩梢。幼虫有转移危害习性,成虫第2次出现于8月上旬~9月下旬,11月以后幼虫越冬。

防治方法:

(1)及时剪除被害枝梢及球果,集中烧毁。

(2)利用诱虫杀虫灯、性信息素诱芯等监测诱杀成虫。

(3)保护和利用天敌,如释放蒲螨、赤眼蜂、长距茧蜂等。

4.臭椿沟眶象和沟眶象

属鞘翅目,象甲科。

分布与危害:分布于东北、华北、华东等地。危害千头椿、臭椿等。沟眶象和臭椿沟眶象常混合发生。

形态特征:臭椿沟眶象成虫体长约11.5mm,黑色。头部布有小刻点;前胸背板及鞘翅上密被粗大刻点。前胸前窄后阔。前胸几乎全部、鞘翅肩部及其端部1/4处密被雪白鳞片,仅掺杂少数赭色鳞片。鞘翅肩部略突出。卵长圆形,黄白色。幼虫体长10~15mm,头部黄褐色,胸、腹部乳白色。蛹黄白色(图8-14)。

图 8-14a 臭椿沟眶象成虫交尾

图 8-14b 臭椿沟眶象成虫

图 8-14c 沟眶象成虫

图 8-14d 沟眶象成虫

图 8-14e 幼虫

图 8-14f 羽化孔

图 8-14g 危害状

图 8-14h 树干受害状

图 8-14i 受害处白色泪
痕状流胶

沟眶象比臭椿沟眶象个体偏大，沟眶象成虫体长 13.5～18mm，长卵形，凸隆，体壁黑色。头部刻点大而深，喙长于前胸，鞘翅被覆乳白、黑色和赭色细长鳞毛。鞘翅肩非常突出，密被白色鳞片，基部中间被覆赭色鳞片，端部约 1/3 主要被覆白色鳞片，沿鞘翅中缝散布点片赭色鳞片。

生物学特性： 北京地区 1 年发生 1 代，以幼虫在树干内、成虫在树干基部土壤中越冬。翌年 5 月越冬幼虫化蛹，6～7 月成虫羽化，7 月为羽化盛期。在土中越冬的成虫于 4 月下旬开始危害。4 月下旬至 5 月中旬为成虫盛发期。7 月下旬至 8 月中旬出现第 2 次成虫盛发高峰期，至 10 月还可见到成虫，说明虫态很不整齐。成虫多在树干上活动，不擅飞翔，具有假死性，有补充营养习性。幼虫蛀干危害，在树干被害处常有白色泪痕状胶状液溢出，严重发生时，可造成寄主植物死亡。

防治方法：
（1）严格检疫，不得调运和栽植带虫苗木。
（2）及时伐除受害严重的植株，减少虫源。
（3）成虫发生期，利用其假死性，人工捕杀成虫。
（4）成虫发生期，可喷施绿色威雷等药剂防治。
（5）幼虫孵化初期，利用内吸性药剂涂干或喷干防治。

四、地下害虫

1. 东方蝼蛄

属直翅目，蝼蛄科，又名非洲蝼蛄。

分布与危害： 全国分布。食性杂，对落叶松、松、杉播种苗危害较大，是苗圃、花圃、草坪主要地下害虫。以若虫和成虫咬食幼苗根、嫩茎及刚播下的种子，并在地表挖掘坑道把幼苗拱倒，使幼苗干枯而死，造成缺苗断垄。

形态特征： 成虫体长 30～35mm，浅茶褐色。前胸背板中央有一个凹陷明显的暗红色长心脏形斑，前翅超过腹部末端。后足胫节背面内侧有能动的棘3～4个。卵椭圆形，初产时灰白色，有光泽，孵化前呈暗褐色或暗紫色。初孵若虫乳白色，2～3龄后，体色与成虫近似（图8-15）。

图 8-15　东方蝼蛄成虫

生物学特性： 1年发生1代，以成虫及有翅芽若虫越冬。翌年4月上旬，越冬成虫、若虫开始活动。5月为危害盛期。5月中旬交配产卵。成虫有较强的趋光性。喜食有香、甜味的腐烂有机质，喜马粪及湿润土壤。盐碱地虫口密度最大，壤土次之，黏土地最少。

防治方法：

（1）深翻土壤，压低虫口密度。

（2）施用完全腐熟的有机肥。

（3）利用诱虫杀虫灯、毒饵等诱杀成虫。

（4）播种前，对土壤进行药物处理。

（5）苗木播种时，采用药物拌种。

（6）保护和利用天敌，如大山雀、喜鹊、红脚隼、隐翅虫、步行虫等。

2. 小地老虎

属鳞翅目，夜蛾科，俗称切根虫、夜盗虫。

分布与危害： 全国分布。食性很杂，对苗木、花卉、果树、草坪危害很大，轻则造成缺苗断垄，重则毁种重播，有的还可爬至苗木上咬食嫩茎和幼芽。

形态特征： 成虫体长17～23mm，体灰褐色，前翅上的环状纹、肾形斑和剑状纹均为黑褐色，明显易见。后翅灰白色，翅脉深褐色，外缘线黑褐色。卵馒头形，表面有纵横隆线，初产时乳白色，后渐变为黄色，孵化前卵顶上呈黑点。幼虫圆筒形，体长37～50mm，体灰褐至暗褐色，体表粗糙，密布黑色粒点。背线明显，臀板黄褐色。蛹赤褐色，腹部末端臀棘短，具短刺1对（图8-16）。

生物学特性：北京 1 年发生 3 代，以蛹或老熟幼虫在土中越冬。幼虫危害期分别为 5 月中下旬、8 月上中旬、9 月下旬至 10 月。10 月下旬幼虫老熟，在土中化蛹越冬，来不及化蛹的以老熟幼虫越冬。

成虫飞翔力极强，白天潜伏在土缝、枯草、落叶下等阴暗处，夜间活动。趋光性很强，对带有酸、甜、酒味发酵物质具有强的趋性。成虫有补充营养习性，卵多产在低矮叶密的杂草上，以近地表的叶子上最多。幼虫共 6 龄，3 龄前的幼虫多群集于杂草和幼苗顶心嫩叶上，昼夜取食危害。3 龄后分散危害，5 龄进入暴食期，危害性更大。第 1 代幼虫危害最重，常把咬断的苗茎拖入土穴中供食，造成严重的缺苗断垄。幼虫性暴，常互相残杀，受惊扰即卷缩成团。

图 8-16a　小地老虎成虫

图 8-16b　小地老虎幼虫

防治方法：

（1）利用诱虫杀虫灯或糖醋液诱杀成虫。

（2）深翻土壤，清除杂草，减少虫源，必要时可人工捕捉幼虫。

（3）把握 3 龄前，最好是 2 龄始盛期至高峰期尚未入土危害的时期，在地面进行药剂防治。可撒施或埋施联苯·噻虫胺颗粒剂或使用吡虫啉灌根、毒饵诱杀等进行防治。

（4）保护和利用天敌，如益鸟、步行虫、小茧蜂、姬蜂、寄生蝇、菌类等。

第三节　主要病害识别与防治

一、月季黑斑病

病原菌主要侵染叶部，也危害叶柄、嫩枝、花梗、花瓣。发病初期叶片出现褐色斑点，逐渐扩大成紫褐色边缘呈放射状的病斑，病斑上散生许多黑色颗粒小点，后期病斑相连，叶片变黄脱落（图 8-17）。

该病菌属于真菌，以菌丝或分生孢子盘在病残体上越冬。北京地区 5 月中旬有零星发生，6 月上中旬进入发病始期，8 月中旬达到发病盛期，9 月病情下降。下部老叶提前脱落，易形成光腿。

防治方法：

（1）合理施肥，注意灌水方式，适度修剪，通风透光，提高抗病力。

（2）及时清理病残枝叶等，以减少侵染源。

图 8-17a　月季黑斑病　　　　　　　　图 8-17b　月季黑斑病

（3）展叶前，喷石硫合剂等杀灭越冬菌源；发病期，使用多菌灵、丙环唑或嘧菌酯等进行防治。

（4）选择抗病品种。

二、月季白粉病

主要发生于叶片上，严重时蔓延至嫩枝、花蕾上。病斑初期为褪绿黄斑，嫩叶皱缩、卷曲或畸形。严重时整个叶片覆盖一层白粉，叶片扭曲反卷、嫩梢弯曲，芽不生长，花蕾枯萎，花不能正常绽放（图 8-18）。

病原菌为子囊菌亚门真菌。该菌以菌丝体在寄主植物的病芽、病枝、病叶上越冬。温室内全年均可发生，并且是露地栽培的初侵染源。翌年春季产生分生孢子，借风雨传播蔓延，直接侵入。在生长季节可多次重复侵染。北京以 5～6 月、9～10 月发病重。初夏如连雨不利于发病，雨后高温高湿有利于病害发生。

防治方法：

（1）加强栽培管理，提高植株抗病力，如增施磷钾肥，避免过量施用氮肥，通风透光。

（2）合理整形修剪，及时清理病枝落叶，以减少侵染来源。

（3）展叶前，喷石硫合剂杀灭越冬菌源；发病初期，喷施三唑酮、腈菌唑或丙环唑等交替用药。

图 8-18a　月季白粉病　　　　　　　　图 8-18b　月季白粉病

三、苹（梨）桧锈病

苹（梨）桧锈病又名赤星病、羊胡子，为一类典型的转主寄生性病害。病原菌属真菌中的担子菌亚门、锈菌目。被害植物主要为桧柏、龙柏、苹果、梨、海棠和山楂等。春季，柏树上的越冬病菌随风传播到苹果等树枝叶上侵染危害；秋季，苹果等树上的病菌再随风转移到柏树枝条上越冬。病菌可侵染苹果等树的叶、果和嫩枝，病菌侵染初期，在叶片正面形成约 1mm 黄绿色斑点，后逐渐扩大成约 1cm 的橙黄色圆形斑，随后在叶片背面相应位置出现黄白色隆起，并形成红黄色"毛状物"；叶柄受害后在被害处形成橙黄色纺锤形病斑；嫩枝受害后，病部凹陷、龟裂易断；严重发生时可危害幼果，症状与叶片相似，受害部位畸形。病菌侵入柏树后，在针叶、叶腋或小枝上出现黄色斑点，4月逐渐形成褐色角状突起，雨后膨胀，形成黄褐色鸡冠状孢子角，似柏树"开花"，受害小枝肿大形成球形或半球形瘿瘤。苹果等树周边 1.5～5km 内，桧柏多，则发病重。早春多雨、多风，温度 17～20℃时，有利于该病的发生。苹果等树开花展叶期，降雨量 15mm 以上，持续时间在 2 天以上，锈病发病率偏高；苹果等树叶龄在 17 天以内的嫩叶较易受到侵染（图 8-19）。

防治方法：

（1）避免海棠等蔷薇科植物与柏科树木近距离栽植。

（2）冬季剪除柏树上的瘿瘤。

（3）药剂防治，春季第一场透雨后，孢子萌发扩散前，在柏树上连喷 2 次石硫合剂，在海棠等蔷薇科植物上喷施腈菌唑等进行防治。7～10 月，病菌转移到柏树时，使用波尔多液等喷雾防治。

图 8-19a　桧柏上的鸡冠状
孢子角

图 8-19b　桧柏上的瘿瘤与冬
孢子角

图 8-19c　桧柏上的瘿瘤与冬
孢子角

图 8-19d　海棠叶片正面受害状

图 8-19e　苹果叶片正面受害状

图 8-19f　海棠叶片背面受害状

图 8-19g　柏树受害状

图 8-19h　柏树受害状

四、草坪褐斑病

褐斑病又叫丝核菌褐斑病，是一种世界性的、危害最严重的草坪病害。可侵染草地早熟禾、粗茎早熟禾、紫羊茅、细叶羊茅、高羊茅、多年生黑麦草、细弱翦股颖、匍匐翦股颖、结缕草、野牛草、狗牙根等多种草坪草，其中尤以冷季型草坪禾草受害最重，造成草坪植株死亡，使草坪形成大面积秃斑，极大地破坏草坪景观（图 8-20）。

图 8-20a　草坪褐斑病危害状

图 8-20b　草坪褐斑病危害状

引起北京市草坪褐斑病的病原主要为立枯丝核菌，该菌以菌核在土壤中越冬，是翌年发病的主要侵染来源。菌丝生长温度为 10 ～ 38℃，最适温度为 28 ～ 32℃，36℃以上菌丝生长明显减慢。菌核在 17℃时开始萌发，20℃时萌发率明显提高，30℃是萌发的适宜温度。病菌主要侵染叶、鞘和茎，引起叶腐、鞘腐和茎基腐，根部受害较轻，除非严重发生，大部分受害植株能再生长出新叶而恢复。病叶及鞘上病斑呈梭形和长条形，不规则，初呈水渍状，后病斑中心枯白，边缘红褐色，严重时整个叶呈水渍状腐烂。受害草坪出现大小不等的近圆形枯草圈，枯草圈半径几厘米至 2m 以上。由于枯草圈中心的病株可以恢复，结果使其多呈

"蛙眼"状。在高湿或清晨有露水时，枯草圈外沿会出现 2 ～ 3cm 宽的"烟环"，这是真菌的菌丝，干燥时烟环消失。褐斑病的症状表现变化很大，往往受草种类型、不同品种组合、不同环境和养护管理水平、不同气象条件及病原菌的不同株系等的影响，不一定都表现为典型症状。

由于丝核菌寄生能力较弱，对于处于良好生长环境中的禾草，只能造成轻微发病。只有当冷季型禾草生长于不利的高温条件、抗病性下降时，才有利于病害的发展，因此，该病害主要发生在高温、高湿的 7 ～ 8 月。

防治方法：

（1）通过合理修剪、科学施肥、疏草、水分管理、打孔透气等栽培管理措施，改善草坪环境，提高草坪抗病性。

（2）枯草和修剪后的残草要及时清除，应种植抗（耐）病品种。

（3）高温高湿天气来临之前或其间，要少施或不施氮肥，保持一定量的磷、钾肥；避免串灌、漫灌，特别要避免傍晚灌水。

（4）4 月中下旬，施用丙环唑、嘧菌酯等喷雾或灌根防治。间隔 7 ～ 10 天施药一次。

五、常见非侵染性病害

植物非侵染性病害包括由于植物自身的生理缺陷或遗传性缺陷而引起的生理性病害，或由于生长在不适宜的物理、化学等因素环境中而直接引起或间接引起的一类病害称为非侵染性病害。它和侵染性病害的区别在于没有病原生物的侵染，在植物不同的个体间也不能互相传染，所以又称为非传染性病害。

环境中的不适宜因素主要可以分为化学因素和物理因素两大类，植物自身遗传因子或先天性缺陷引起的生理性病害，虽然不属于环境因子，但由于没有侵染性，一般也归属于非侵染性病害。

（一）化学因素

导致非侵染性病害的化学因素主要有营养失调、农药药害和环境污染等。

1. 植物的营养失调

营养条件不适宜包括某些营养缺乏引起的缺素症、几种营养元素间的比例失调或营养过量。这些因素均可以诱使植物表现各种病态。

（1）缺素症

长期以来，人们用缺素症来描述由于营养元素总含量不足或有效态下降而导致植物生理功能受到干扰而出现的病态症状。但仔细分析可以看出，常见的缺素症可能是由于缺乏某种营养元素，也可能是由于某种元素的比例失调，或者某种元素的过量，尤其在大量施用化肥的地块以及在连作频繁的保护地栽培的情况下，营养元素比例失调比缺素问题更加严重。

缺素症状往往因植物种类或品种的不同而异，难于一概而论。甚至在同一种植物上，由于缺素程度不同以及植物生育期不同而导致症状表现差异。

常见大量元素和微量元素缺乏造成的症状特点见表 8-1。

植物缺素症检索简表　　　　　　　　　　　　　　表 8-1

症状在老龄组织上先出现（氮、磷、钾、镁、锌缺乏）	
1）不易出现斑点（氮、磷缺乏）	
新叶淡绿、黄绿色、老叶黄化枯焦、早衰 ··················	缺氮
茎叶暗绿或呈紫红色、生育期推迟 ····················	缺磷
2）容易出现斑点（钾、锌、镁缺乏）	
叶尖及边缘先枯焦、症状随生育期而加重、早衰 ·············	缺钾
叶小、斑点可能在主脉两侧先出现、生育期推迟 ·············	缺锌
脉间明显失绿、有多色泽斑点或斑块，但不易出现组织坏死 ·······	缺镁
症状在幼嫩组织先出现（硼、钙、铁、硫、钼、锰、铜缺乏）	
1）顶芽容易枯死（钙、硼缺乏）	
茎叶软弱、发黄焦枯、早衰 ·······················	缺钙
茎叶柄变粗、脆、易开裂、开花结果不正常、生育期延长 ········	缺硼
2）顶芽不易枯死（硫、锰、铜、铁、钼缺乏）	
新叶黄化、失绿均一、生育期延迟 ····················	缺硫
脉间失绿、出现斑点、组织易坏死 ····················	缺锰
脉间失绿、发展至整片叶淡黄或发白 ···················	缺铁
幼叶萎蔫、出现白色斑点、果穗发育不正常 ···············	缺铜
叶片生长畸形、斑点散布在整片叶上 ···················	缺钼

（2）营养过量

植物所需营养元素过量有时对植物并不利。尤其是微量元素过量，可能成为有害物质，会对植物产生明显的毒害作用。一般而言，大量元素过量对植物的影响较微量元素过量的影响轻。

土壤可溶性盐过量会形成盐碱土。高浓度的钠和镁的硫酸盐影响土壤水分的可利用性和土壤的物理性质。由于盐首先作用于根，使植株吸水困难，进而表现萎蔫症状。这种症状类似于病原生物（如真菌）侵染引起的根腐病。

（3）营养比例失调

在高肥水管理情况下，营养元素间比例失调也会严重影响植物生长。在大量施用化肥、农药的地块，在连作频繁的保护地栽培等情况下，土壤中大量元素与微量元素的不平衡非常普遍，在这种土壤环境中生长的作物往往会表现出营养失调症状。例如，施钾肥过多可导致菊花产生缺镁症状，叶脉之间失绿、叶缘变红紫色。在这种情况下，即使增加镁也不能缓解症状。因为钾离子太多，影响了植物对镁离子的吸收。

（4）营养状况与侵染性病害的关系

近年来，对植物营养状况与侵染性病害之间关系的研究备受重视。其原因在于：营养元素不仅是植物正常生长发育所必需的，而且是增强植物抗病性所必需的，例如，增加磷钾肥对大多数植物都有提高抗病作用的效果。特别是某些微量元素在多种植物的不同类型的病害上，表现出较好的控病效果。

2. 农药药害

使用农药的浓度过高、用量过大，或使用时期不适宜，均可对植物造成毒害作用。按照施药后植物出现中毒时间，可将药害分为急性药害和慢性药害。急性药害一般在施药后

2～5天内发生。不同植物对农药毒害的敏感性不同。例如桃、李、梅等对波尔多液特别敏感，极易发生药害。植物药害的发生和环境温度有关系，如石硫合剂在温度高时药效发挥快，易产生药害。此外，同一植物在不同生育期对农药的敏感性也不同，一般来说，幼苗和开花期的植物较敏感。不适当地使用除草剂或植物生长调节剂也会引起药害。有些杀虫剂在高温条件下，施用浓度偏高时，常常会引起叶片产生褪绿斑或枯斑，像病毒病一样。

3. 环境污染

被污染的环境会不可避免地影响到植物生长和发育。环境污染包括空气污染、水污染和土壤污染等。空气污染最主要的来源是化学工业和内燃机排出的废气，如臭氧、氟化氢、二氧化硫和二氧化氮等。

（二）物理因素

1. 温度不适

不适宜的温度包括高温、低温、剧烈的变温。不适宜的气温、土温和水温都可能对植物的生长发育产生影响。

高温引起的病害常为灼伤。低温的影响主要是冷害和冻害。冷害也称寒害，是指0℃以上的低温所致的病害。冻害是指在0℃以下低温所致的病害。冻害的症状主要是幼茎或幼叶出现水渍状暗褐色的病斑，后期植物组织逐渐死亡，严重时整株植物变黑、枯干、死亡。土温过低往往导致幼苗根系生长不良，容易遭受根际病原生物的侵染。低水温也可以引起植物生长和发育异常。剧烈变温对植物的影响往往比单纯的高、低温更大。例如，昼夜温差过大，可以使木本植物的枝干发生灼伤或冻裂，这种症状多见于树干的向阳面。

2. 水分、湿度不适

植物因长期水分供应不足，生长受到限制，导致植株矮小细弱。严重的干旱可引起植物萎蔫、叶缘焦枯等症状。

土壤中水分过多造成氧气供应不足，使植物的根部处于厌氧状态，最后导致根变色或腐烂。同时，植物地上部可能产生叶片变黄、落叶及落花等症状。水分的骤然变化也会引起病害。土壤湿度过低，引起植物旱害。初期枝叶萎蔫下垂。及时补充水分，植物可以恢复常态。后期植株凋萎甚至死亡。

地下水位过高、地势低洼、雨季局部积水以及不适当的人工灌水可导致土壤湿度过高，引起植物涝害。涝害使植株叶片由绿色变淡黄色，并伴随着暂时或永久性的萎蔫。空气湿度过低的现象通常是暂时的，很少直接引起病害。

3. 光照不适

光照的影响包括光照度和光周期。光照不足通常发生在温室和保护地栽培的情况下，导致植物徒长，影响叶绿素的形成和光合作用，植株黄化，组织结构脆弱，容易发生倒伏或受到病原物侵染。

光照过强很少单独引起病害，一般与高温、干旱相结合，导致日灼病和叶烧病。日照时间的长短影响植物的生长和发育。根据光周期可将植物分为长日照植物、短日照植物和中日照植物。光照条件不适宜，可以造成植物开花和结实延迟或提早。

第九章 绿化设施设备

第一节 园艺工具

一、三棱比例尺

（一）三棱比例尺

三棱比例尺是比例尺的一种，有 3 个棱 6 个比例刻度面。长 30cm，6 个刻度面上的比例尺分别是 1∶100、1∶200、1∶250、1∶300、1∶400 和 1∶500。三面采用红黄绿不同的颜色，醒目区别不同的面和不同的比例（图 9-1）。在园林绿化设计和施工中广泛使用。

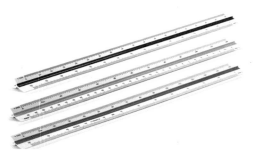

图 9-1 三棱比例尺

（二）三棱比例尺的使用

1. 手工绘制图纸时，通常依据图纸确定的比例大小，在三棱比例尺上选取对应的比例大小尺面，用分规在三棱比例尺上截取作图需要的尺寸长度，在图纸上画出来。现在采用电脑作图，这种方法已很少用了。

2. 在使用图纸施工时，首先查看图纸说明，确定图纸是按多大比例绘制的图。根据图纸的比例大小选好三棱比例尺相对应的比例尺面。读取图纸尺寸时，将相对应的比例尺一头的 0 刻度对应需要测量距离线段的一侧，而后查看线段另一侧的刻度，此时对应的数值就是实际距离。

3. 当图纸所选用的比例大小，在三棱比例尺上找不到相对应的比例尺时，可以进行换算，将三棱比例尺子的比例换算成图纸的比例。换算方法，遵循"小乘大除"的原则。比如用 1∶100 的比例尺量 1∶200 的图纸，就需给测量刻度数乘 2 才是实际的距离。如果用 1∶100 的比例尺量 1∶50 的图纸，就需给测量刻度数除以 2 才是实际的距离。

（三）使用三棱比例尺注意事项

1. 当图纸比例与所选比例尺的比例一致时，尺子上的读数就是实际尺寸，即单位是 m，不用再套比例计算。

2. 当图纸比例与比例尺的比例不一致时，按小乘大除原则，保证尺子比例与图纸比例一致。

第二节 机械设备

一、起苗机

（一）起苗机

起苗机是悬挂在动力牵引机后以苗铲深入苗木根部并撅起苗木的一种园林机械。一般由起苗铲、碎土轮、机架、悬挂架、限深轮等组成。在园林作业中主要用于挖苗、拔苗、清除根部土壤、分级和捆包等工作（图9-2）。

图9-2　起苗机

（二）起苗机的使用

1.将动力机（拖拉机）通过上下悬挂点与起苗机连接起来，并且检查各零部件是否松动或存在其他问题，如有问题及时解决。

2.拖拉机带动起苗机进入苗木区，调整好行走路线，通过液压手柄控制挖苗犁刀下降并切入土壤。

3.拖拉机向前行进时便可切断苗根，随之碎土轮将苗根部土壤碾碎。苗木依次挖出排列。

4.起苗结束后，将挖苗犁刀上的土清理干净。通过动力机液压装置将起苗机提高后再行至下一片作业区域继续作业便可。

（三）使用起苗机注意事项

1.操作时如听见异常声音，应停车检查，查看土壤内是否有大石块。另外注意是否有其他零部件损坏等情况。只有排除故障后，才能再继续作业。

2.作业中，犁刀、碎土板、侧板等工作部件如有松动或损缺不能工作，应停机检修。

3.动力机行走应该尽量匀速，否则会影响一定的起苗质量。

4.作业后，应清除机器上的泥土和缠草，并向注油点加注润滑油或润滑脂。季后不用时，对机器全面保养后入库保存。

二、植树机

（一）植树机

植树机是根据园林种植的需要将生产的苗木按照规定的株行距投放到沟（穴）中，然后由覆土压实装置将苗木根部土壤覆盖压实并完成种植的一种园林机械。一般由机架、苗箱、牵引或悬挂装置、开沟或挖坑器、植苗机构、递苗装置、覆土压实装置、传动机构、起落机构等组成（图9-3）。主要适宜于大面积植苗造林，也可用于小地块作业。

图9-3　植树机

（二）植树机的使用

1.作业前，检查植树机工作部件是否处于良好状态。

2.根据土壤和苗木种类及规格调节作业部件以达栽植技术要求。

3.根据作业面积、作业间距确定植树机的行经路线。

4.起动牵引机，司机按确定路线开沟植树，辅助人员做好送苗和投苗工作。

5.植树机工作时，由于植树机下部前后安设有开沟犁或挖坑器、覆土器和镇压轮。因此，植树机操作可一次完成开沟、投苗、覆土、镇压四道工序。

6.植树机前边设有水箱的，可边植树边浇水，大大提高了苗木的成活率。

（三）使用植树机注意事项

1.作业前，检查拖拉机与植树机的连接部分，如有松动应紧固；检查开沟犁或挖坑器、覆土器、镇压轮、限深轮等机件是否完整，如有损缺应检修或更换。

2.操作前，首先将植树地的杂物清理干净，比如：树木残桩、石头、瓦砾、及其他杂物，并观察地形，看是否地下有水管，电缆等障碍物。

3.操作时，操作人员不许赤足或穿凉鞋，要穿长裤、保护鞋，戴好手套。

4.作业中，如开沟犁遇坚硬石块而损坏，挖坑机出现与异物碰撞时，应立即停止工作。

5.使用结束后，应将机器全面保养，向润滑点加注润滑油，对机架、苗箱脱漆部位涂刷同颜色漆后，存放在室内干燥处保存。

三、树木移植机

（一）树木移植机

树木移植机是在卡车、装载机、拖拉机等多种动力设备上安装树铲，通过液压控制系统控制树铲，插到树根下部，切断侧根，一举将带土的树根掘起，然后再将挖出的树木及时送到移植地点重新栽植的一种园林机械（图9-4）。用树木移植机所挖的树木能保证土球的完整。在苗圃树木移植及城市重要位置的乔灌木栽植中有广泛用途。

图9-4　树木移植机

（二）树木移植机的使用

1.装载机式树木移植机作业时，根据周围地形和需要移植树木情况选择进入合适的工作位置。

2.完全打开移树机闸门，移树机环抱树木，调整树木到移树机中心位置，使用装载机大臂倾斜功能确保移树机处于水平，关闭闸门。

3.抬起后支架，使得装载机离开地面；降低移树机大臂使得装载机前轮离开地面，降低后支架高度使得装载机处于水平。

4.落下支腿使整个操作过程稳定，液压控制将4个曲刀树铲逐个插入地下直至树铲完全闭合达到最大挖掘深度。

5.收回后支架，然后抬起装载机大臂，使得装载机重新回到地面。

6.提升树铲包含着树根与土球一起挖出地面。

7.将挖出的树木放到所需的地方。

（三）使用树木移植机注意事项

1.较大型树木移植机操作要求水平较高，操作人员需要准确算出移栽树木的土球大小，确保环形进土刀片切割土丘均匀一致。

2.检查各机械部件，尤其检查铲刀和支架等设备有无损害。

3.作业时，人员远离作业半径危险区域内，以防大树在倾斜过程中发生断枝等意外情况造成人员伤亡。

四、草坪移植机

（一）草坪移植机

草坪移植机主要由机架、发动机、皮带传动、行走轮、起草皮刀、把手和有关调整部件组成。草坪移植机是将草坪基地的草皮切割成一定宽度和长度的草皮块或草皮卷的机具（图9-5）。

作业时，操纵把手上的皮带张紧离合手柄将发动机的动力传递给变速箱，变速箱有两个输出轴，分别带动行走轮和起草皮刀运动。起草皮刀由一个底刀和两个侧刀组成，两侧刀垂直切割形成草皮的宽，底刀切割草皮的根，形成草皮的底部。完成起草皮作业后，再搬动起草皮刀操纵手柄，抬高起草皮刀完成起草皮作业。

图 9-5　草坪移植机

（二）草坪移植机的使用

1.操作前工作人员应经过培训，了解机器的结构及性能。

2.起草皮机工作时，振动较大，因此使用前要检查各连接部位的紧固情况。检查变速箱内齿轮油情况，加注规定牌号的齿轮油，油面高度到油位视窗位置。对各润滑点加注润滑油。

3.将皮带离合张紧手柄扳到"离"的位置，使皮带处于脱离状态；并且刀离合手柄挂到空挡，行走挡位挂到空挡。

4.发动机调至小油门，将皮带离合张紧手柄扳到"合"的位置，缓慢合上刀离合手柄，行走挂低速挡。

5.将发动机的油门调至大油门，机器开始起草皮作业。

6.停止工作前，首先将皮带离合操作手柄扳至"离"的状态，使皮带处于脱离状态，再把行走挡位换成空挡，然后把刀离合手柄挂到"离"的位置。

7.工作完成后建议拔下火花塞，并妥善保管机器。

（三）使用草坪移植机注意事项

1.作业前，检查各机件连接部位是否松动异常，如发现情况要进行修复。

2.工作前应清理草坪上的石块、杂草等。

3.添加汽油时必须停止发动机的运转，确认已停稳并冷却后，使开关处在"OFF"位置，拔下火花塞方可加油。

4.禁止在通风不良的地方或室内启动汽油机。因为汽油机燃烧不充分时，会排放出对人体有害的气体，严重的会造成人员伤亡。

5.坡地倾斜度在 10° 以上不可使用本机，避免倾翻造成机器损坏或人员伤亡。

6.工作中遇到沟坎或软地请用木板铺在地上，承受机身的压力。

7.机器长期不用时，应对机器全面保养后，放置在通风、干燥处保管。

第三节　园林设施

园林绿化施工和养护中，在寒冷地区，冬季为了保证一些新栽和不耐严寒的树种能够安全越冬，需要搭建树木防寒风障，在炎热地区，夏季为了减少阳光的直射，降低树木的蒸腾作用，需要搭建遮阴棚网，以保障树木能够正常生长。园林绿化日常的浇水作业已基本实现了灌溉自动化，常用的自动灌溉系列设施有水管、微喷管、快速取水阀、雾化喷头、普通喷头、旋转喷头和移动喷头等。

一、新型树木支撑杆

（一）新型树木支撑杆

新型树木支撑杆是由支撑杆和支撑环组成的，支撑环可根据树木胸径的大小进行调节，支撑环连接支撑杆形成支撑架，用于固定树木（图9-6）。其特点是对树干外皮没有伤害、固定牢靠、操作简便、经久耐用、美观大方。主要用作园林绿化中新栽植乔灌木的固定。取代原用的用木棍支撑方式。

图 9-6　新型树木支撑杆

（二）新型树木支撑杆的使用

1. 根据所支撑树木的胸径和高度确定选用支撑杆的规格。

2. 根据树形和风向确定支撑杆的受力点。

3. 在树木合适的高度绑好支撑环。

4. 调节支撑环并插好支撑杆。

（三）使用新型树木支撑杆注意事项

1. 支撑杆在使用过程中，规格选用应一致。

2. 支撑杆底部插入土中应牢固。

3. 支撑环绑缚的高度位置确定好，一般常绿树支撑高度在树木主干的2/3处，落叶树支撑在树干的1/2处。

4. 行道树支撑杆的支撑高度应一致，有美观整齐大方的效果。

5. 树干与支撑环之间应垫一圈无纺布或其他柔软物，以免支撑环损伤树皮。

二、园林其他设施

（一）防寒风障

1. 防寒风障的搭建

搭建树木防寒风障的主要材料为钢管（木杆）、卡子、无纺布、铁丝等。为使植物能够安全越冬，冬季搭设防寒风障时，首先根据植物迎风风向和植物空间所占位置的大小搭好支架，支架可以采用钢铁管材料或是木质材料。乔木支架高度通常超出乔木植株高度0.5～1.0m，与植株水平距离通常保持0.5m的距离。灌木支架通常各边距离植物外侧5cm即可。

图 9-7a 乔木防寒风障

图 9-7b 灌木防寒风障

支架搭好后，根据支架大小裁好无纺布，然后进行绑扎。乔木防寒风障用无纺布将整个支架除顶部外全部包严（图 9-7a）。灌木防寒风障用无纺布全部包严（图 9-7b）。

2. 搭建防寒风障注意事项

1）乔木防寒风障要求应搭设在迎风一侧和与其相邻的两侧。

2）防寒风障抗风能力要求达到 8 级以上。

3）防寒风障主框架必须有斜撑加固，而且防寒立杆不能超出防寒布。

4）要求防寒风障稳固，形状规整，高度一致，美观。

（二）遮阴棚网

遮阴棚网的搭建与防寒风障类似，只是将外包的无纺布换成遮阴网即可。

参考文献

1. 北京市园林局 . 园林绿化工人技术培训教材 [M]. 植物与植物生理，1997

2. 北京市园林局 . 园林绿化工人技术培训教材 [M]. 土壤肥料，1997

3. 北京市园林局 . 园林绿化工人技术培训教材 [M]. 园林树木，1997

4. 北京市园林局 . 园林绿化工人技术培训教材 [M]. 园林花卉，1997

5. 北京市园林局 . 园林绿化工人技术培训教材 [M]. 园林识图与设计基础，1997

6. 北京市园林局 . 园林绿化工人技术培训教材 [M]. 绿化施工与养护管理，1997

7. 张东林 . 中级园林绿化与育苗工培训考试教程 [M]. 北京：中国林业出版社，2006

8. 曹慧娟 . 植物学（第二版）[M]. 北京：中国林业出版社，1999

9. 陈有民 . 园林树木学 [M]. 北京：中国林业出版社，2000

10. 卓丽环，龚伟红，王玲 . 园林树木 [M]. 北京：高等教育出版社，2006

11. 鲁涤非 . 花卉学 [M]. 北京：中国农业出版社，2000.

12. 高润清，李月华，陈新露 . 园林树木学 [M]. 北京：气象出版社，2001

13. 北京林业大学园林系花卉教研组 . 花卉学 [M]. 北京：中国林业出版社，2000

14. 秦贺兰 . 花坛花卉优质穴盘苗生产手册 [M]. 北京：中国农业出版社，2011

15. 宋利娜 . 一二年生草花生产技术 [M]. 郑州：中原农民出版社，2016

16. 丛日晨，李延明，弓清秀 . 树木医生手册 [M]. 北京：中国林业出版社，2017

17. 彩万志，庞雄飞，花保祯，梁广文，宋敦伦 . 普通昆虫学（第 2 版）[M]. 北京：中国农业大学出版
    社，2011

18. 丁梦然，王昕，邓其胜 . 园林植物病虫害防治 [M]. 北京：中国科学技术出版社，1996

19. 陶万强，关玲 . 北京林业有害生物 [M]. 哈尔滨：东北林业大学出版社，2017

20. 王振中，张新虎 . 植物保护概论 [M]. 北京：中国农业大学出版社，2005

21. 萧刚柔 . 中国森林昆虫（第 2 版增订版）[M]. 北京：中国林业出版社，1992

22. 许志刚 . 普通植物病理学（第 4 版）[M]. 北京：高等教育出版社，2009

23. 夏冬明 . 土壤肥料学 [M]. 上海：上海交通大学出版社，2007

24. 崔晓阳，方怀龙 . 城市绿化土壤及其管理 [M]. 北京：中国林业出版社，2001

25. 宋志伟 . 土壤肥料 [M]. 北京：高等教育出版社，2009

26. 沈其荣 . 土壤肥料学通论 [M]. 北京：高等教育出版社，2000

27. 王乃康，毛也冰，赵平 . 现代园林机械 [M]. 北京：中国林业出版社，2011

28. 俞国胜 . 草坪养护机械 [M]. 北京：中国农业出版社，2004

29. 李烈柳 . 园林机械使用与维修 [M]. 北京：金盾出版社，2013

30. 张秀英 . 园林树木栽培学 [M]. 北京：高等教育出版社，2005

31. 何芬，傅新生 . 园林绿化施工与养护手册 [M]. 北京：中国建筑工业出版社，2011

32. 晁龙军，单学敏，车少臣等．草坪褐斑病病原菌鉴定、流行规律及其综合控制技术的研究 [J]. 中国草地．2000（4）：42-47

33. 孟兆祯，等．园林工程 [M]. 北京：中国林业出版社，1995

34. 侯殿明，陶良如．园林工程 [M]. 北京：中国理工大学出版社，2014

35. 陈琪，陈佳．园林工程建设现场施工技术 [M]. 北京：化学工业出版社，2010

36. 杨至德．园林工程．第 3 版 [M]. 武汉：华中科技大学出版社，2013

37. 沈志娟．园林工程施工必读 [M]. 天津：天津大学出版社，2011

38. 陈琪．山水景观工程图解与施工 [M]. 北京：化学工业出版社，2008